Thomas Riepe

Alles schon probiert!

Hunde weniger trainieren und mehr akzeptieren

Inhalt

„Ich habe alles schon probiert ..."

Während meiner langjährigen Tätigkeit als Hundepsychologe habe ich einen Satz immer wieder gehört: „Ich habe alles schon probiert. Sie sind meine letzte Hoffnung!"

Letzte Hoffnung – eine Aussage, die natürlich Druck aufbaut. Vor allem, wenn nach Aussage des Hundebesitzers, mit echten oder vermeintlichen Hundeproblemen, schon alles probiert wurde. Aber was wurde schon „alles" probiert? Was ist, wenn ich als letzte Hoffnung versage? Und warum sind viele Hundehalter eigentlich so verzweifelt? Hilfe von Hundetrainern, Verhaltensberatern und auch Hundepsychologen, wie ich es einer bin, wird ja heute in großer Zahl angeboten. Doch warum gibt es trotzdem immer noch Hundehalter, die verzweifeln? Und warum wird die Gruppe der verzweifelten Hundehalter meines Erachtens immer größer – trotz vielfältiger Hilfsangebote durch verschiedenste Hundeprofis?

Auch ich habe mir diese Fragen über die Jahre immer wieder gestellt. Und anstatt konkrete Antworten darauf zu finden, haben sich mir immer neue Fragen aufgetan: Was ist mit den Hunden passiert? Liegt es an den Züchtern und den Rassen, dass die Probleme größer werden? Aber es sind doch auch Mischlinge, die Probleme bereiten, und leider oftmals Hunde aus dem Tierschutz – nicht selten diejenigen, die aus dem Ausland zu uns kommen. So werden immer mehr Hunde, deren bisherige Lebensgeschichte nicht bekannt ist, bei uns heimisch. Ist das der Grund für die anscheinend immer größer werdende Anzahl der Hundeprobleme? Oder liegt es auch an mangelndem Wissen über Hundeverhalten der Besitzer? Sind es steigende Zahlen von gesundheitlichen Problemen bei den Vierbeinern, die zu Verhaltensschwierigkeiten führen?

Das sind mit Sicherheit noch nicht alle möglichen Ursachen für Probleme, die ein Halter mit seinem Hund haben kann.

Wenn man erst einmal mit der Suche nach möglichen Gründen anfängt, werden die Fragen nicht weniger. Doch führen einen die Fragen zum sprichwörtlichen Pudels Kern? Im Grunde schon, denn bei mir persönlich läuft eigentlich alles auf eine Erklärungsthese hinaus: Das Hauptproblem sind nach meiner Meinung, und auch nach meiner Erfahrung, oftmals die Erwartungen, die man heute an den Hund hat.

Hunde leben seit ca. 15.000 bis 30.000 Jahren an der Seite der Menschen. Meist eher unproblematisch. Die Aufgaben der Hunde waren in den vergangenen Zeiten auch durchaus überschaubar: Mal Jagdgehilfe, mal Zugtier für Lastentransport, mal Hüter anderer Nutztiere. Fast immer Wächter und lebendige Alarmanlage. Aufgaben, die von den Hunden wahrgenommen wurden – Hunde, die einfach da, einfach beim Menschen waren. Über viele Jahrtausende hinweg waren Zwei- und diese Vierbeiner Partner, die von einer Gegenseitigkeit profitierten.

Erst seit wenigen Jahrzehnten wandelte sich das Aufgabengebiet der Hunde. Vom Lebewesen, welches „einfach da ist“, welches zum Menschen gehört wie die Luft zum Atmen und an das aber nur relativ geringe Ansprüche gestellt wurde, entwickelte sich der Hund zum heutigen vierbeinigen Superhelden, der so viele neue Aufgaben bekommen hat, die er gar nicht mehr bewältigen kann. Vor allem nicht in der Perfektion, die der Mensch in den wohlhabenden Industrieländern von ihm verlangt. Der Hund soll Spielkamerad für Kinder sein, aber auf Knopfdruck ruhig in seinem Körbchen liegen. Er soll Vater beim Radfahren begleiten, mit Mutter über die Einkaufsstraße flanieren und friedlich im Café liegen. Er soll Seelentröster, Wärmflasche, Sportpartner und Prestigeobjekt sein. Und oft muss der Hund ohne Atempause zwischen diesen Aufgaben hin- und herspringen. Und dabei immer gut erzogen sein, nie von der Linie abweichen. Aber nicht nur der Vierbeiner muss funktionieren, auch der Hundehalter steht unter einem gewissen gesellschaftlichen Druck: Von ihm wird erwartet, dass er seinen Vierbeiner in jeder Situation sowie zu jeder Zeit voll im Griff hat und dass sich der Hund doch bitteschön so und so zu verhalten habe.

Das hat zur Folge, dass nicht nur der Hundehalter von seinem Vierbeiner oftmals zu viel erwartet, sondern auch die Messlatte der (scheinbar) von außen gestellten Anforderungen an den Hundehalter sehr hoch hängt. Dementsprechend verlangen viele Hundebesitzer möglicherweise schier Unerreichbares von sich selbst.

In diesem Buch möchte ich Ihnen zum einen ganz sachlich aufzeigen, welche Bedürfnisse ein Hund hat. Daraus können Sie für sich selbst ableiten, was für Ihren Hund gut ist und was Sie von ihm verlangen und erwarten können. Zum anderen möchte ich Ihnen eine Hilfe an die Hand geben, mit der Sie wieder lernen können, das Zusammenleben mit Ihrem tollen Vierbeiner zu genießen und sich nicht durch einen gesellschaftlichen Erwartungsdruck zu stark verunsichern zu lassen. Ich möchte erreichen, dass Sie aus der „ich muss alles probieren“-Schleife rauskommen und lernen, mit allem gelassen umgehen zu können. Somit möchte ich in erster Linie Sie ansprechen – es geht mir um Ihr Selbstvertrauen als Hundehalter.

Wichtig ist mir dabei zu betonen, dass ich damit nicht meine, dass man Hunde überhaupt nicht ausbilden und auf ein Leben in unserer Gesellschaft vorbereiten soll. Natürlich müssen sie einige wichtige Signale lernen – beispielsweise einen sicheren Rückruf. Aber sie müssen nicht wie Roboter funktionieren und nicht völlig überzogene Erwartungen erfüllen.

Wenn Sie nach dem Lesen dieses Buches das Gefühl haben, nicht mehr alles mit Ihrem Hund ausprobieren zu müssen, um sein vermeintlich unerwünschtes Verhalten in den Griff zu bekommen, sondern vieles überdenken möchten, dann habe ich mein Ziel erreicht.

Total normal

Trotz individueller Variablen hat sich im Laufe der Evolutionsgeschichte bei jedem Lebewesen ein ihrer Art entsprechendes Muster an Verhaltensmerkmalen etabliert – das Normalverhalten. Das Wissen darum hilft bei der Einschätzung, welches Verhalten denn „normal" ist.

Evolutionsgeschichte des Hundes

Wenn wir beurteilen möchten, welches Normalverhalten Hunde aufweisen, kommen wir nicht umhin, uns zunächst mit dem Urahn Wolf zu beschäftigen

Ahnenforschung

Es ist kein Geheimnis, dass unser heutiger Hund vom Wolf abstammt. Und obwohl sich unsere Vierbeiner über viele Jahrtausende soweit verändert haben, dass die Gemeinsamkeiten mit ihrem biologischen Vorfahren, dem Wolf, kaum noch ersichtlich sind, haben sie dennoch viel gemein.

Typisch Wolf

Vor allem für die Beschreibung von hündischem Normalverhalten in den folgenden Kapiteln (ab Seite 18) ist es angebracht, einen Blick darauf zu werfen, wie sich Wölfe im sozialen und im weiteren Alltagskontext verhalten und wie der Hund vom Menschen domestiziert wurde.

Das Wolfsrudel

Wölfe leben fast immer in kleinen bis größeren Familienverbänden, auch Wolfsrudel genannt. Das heißt, dass Jungwölfe nach ca. 1,5 Lebensjahren ihre Eltern verlassen, um sich eigene Partner zu suchen, mit denen sie eine eigene Familie gründen wollen. Ein Rüde und ein Weibchen bilden die familiäre Grundlage. Wenn alles gutgeht, folgen dann in jedem Jahr Welpen, die wiederum nach ca. 1,5 bis 2 Jahren aus dem Familienverband abwandern. Da sich die Würfe so überlappen, können die Jungtiere aus dem Vorjahr noch bei der Aufzucht ihrer aktuellen Geschwister helfen. Was meist durch Babysitteraufgaben geschieht.

Sozialleben im Wolfsrudel

Die Wolfsfamilien sind hierarchisch nach einem Eltern-Kind-Muster aufgebaut. Das heißt, dass die Eltern automatisch die agierenden und bestimmenden Individuen in der Familie sind. Rangordnungen oder vermeintliche „Chefrollen“ werden nicht durch Rangkämpfe etabliert. Spielerisch kann man wechselnde soziale Rangbeziehungen unter Welpen und heranwachsenden Individuen erkennen. Diese sind aber nie von Dauer (allein schon, weil die Familienmitglieder, bis auf die Eltern, ja saisonal wechseln) oder grober Härte gekennzeichnet. Strenge hierarchische Ordnungen sind bei frei lebenden Wölfen nicht als normales Verhalten zu beobachten.

Anders sieht es bei den in Gehegen gehaltenen Wölfen aus, wo sich aufgrund der Enge und mangels Beschäftigungsalternativen mit sozialem Geplänkel beschäftigt wird. Das ist aber dem Umstand der Gefangenschaft und der fehlenden Möglichkeiten geschuldet, sich aus dem Weg gehen zu können. Frei lebende Wölfe sind sozial, aber nicht streng hierarchisch organisiert. Außer den Welpen, die beaufsichtigt und am Verlassen des sicheren Umfelds gehindert werden, können alle Familienmitglieder kommen und gehen, wie sie wollen. Es gibt kein allmächtiges Alphatier, welchem alle in strengem Gehorsam folgen müssen. Statt hierarchischer Strenge zeichnet den wölfischen Sozialverband aus, dass er und jedes seiner Individuen sich an neue Gegebenheiten schnell und effektiv anpassen kann.

Familienstruktur statt Rangordnung
Wölfe leben in Familien, die immer von den Elterntieren geleitet werden. Strenge Hierarchien oder Rangkämpfe gehören nicht zum normalen sozialen Umgang untereinander. Soziale Kompetenzen innerhalb der Familiengruppe und hohe individuelle Anpassungsbereitschaft bestimmen das Leben einer Wolfsfamilie.

Jagdverhalten des Wolfes

Das Wildtier Wolf ist ein Beutegreifer, das heißt, er ernährt sich von anderen Tieren, die er jagt. Das Wissen, wie man jagt ist in großen Teilen angeboren, obwohl es durch Lernmechanismen komplettiert wird. Unter anderem wird das Jagdverhalten durch schnelle Bewegungen ausgelöst, etwa durch weglaufende Tiere etc.

Wenn ein solcher Reiz von einem Wolf wahrgenommen wird, werden bei diesem blitzschnell alle Sinne aktiviert, der Körper darauf vorbereitet, schnell zu laufen und ggf. mit dem Beutetier zu kämpfen. Doch gleichzeitig läuft ein Prozess des Abwägens im Wolf ab. In Sekundenbruchteilen trifft er die Entscheidung, ob sich die Jagd für ihn lohnt oder ob sie nur Energieverschwendung wäre. Dieses Abwägen ist für Wildtiere essenziell: Sie verschwenden Energie nicht sinnlos, denn das könnte ihr Überleben gefährden.

Wenn der Bewegungsreiz (der von einem flüchtenden Tier ausgeht und das Jagdverhalten des Wolfs weckt) sehr weit weg ist, passiert folgendes: Nichts. Der Wolf entscheidet, dass der Energieaufwand zu groß ist und jagt nicht. Die Fähigkeit, den möglichen Jagderfolg vorauszusehen, ist ein wichtiger Bestandteil des Jagdverhaltens.

Wölfe jagen übrigens nicht grundsätzlich im Rudel. Das hängt immer vom Nahrungsangebot im Lebensraum ab. Aber auch Jahreszeiten spielen eine Rolle. Es gibt beispielsweise Regionen, in denen im Frühjahr und Sommer viele kleiner Säugetiere wie Hasen zum Beutespektrum des Wolfes gehören. Dort wird in den Sommermonaten ausschließlich solitär gejagt. Wenn im Winter größere Beutetier wie Hirsche gejagt werden, schließen sich die Familienmitglieder eher zu Jagdgruppen zusammen. Der Wolf ist ein Allrounder, der sich den Gegebenheiten anpasst.

Vom Wolf zum Hund

Die sozialen Verhaltensstrukturen der Wölfe kann man als Grundlage, als Fundament für das Verhalten des Haushundes sehen. Allerdings muss man berücksichtigen, dass Haushunde keine Wölfe mehr im eigentlichen

Sinn sind. Sie wurden domestiziert, das heißt, sie wurden durch Selektion an den Lebensraum beim Menschen angepasst. Das hat soweit geführt, dass Hunde in der Lage sind, spezifische, eigentlich innerartliche Kommunikationsmittel des Menschen zu deuten. Oder sogar versuchen, diese nachzuahmen. So zum Beispiel das Lachen: Beim menschlichen Lachen werden Zähne gezeigt – unter Hunden ist das eigentlich ein Drohsignal. Trotzdem verstehen Hunde, dass Menschen, wenn sie lachen, gut gelaunt sind. Und es gibt sogar Untersuchungen, die die Vermutung nahelegen, dass einige Hunde das menschliche Lächeln imitieren – mit der freundlichen kommunikativen Aussage wie beim Menschen.

Durch den sehr langen Weg, den Mensch und Hund inzwischen gemeinsam durch die Zeit gegangen sind, hat sich also ein enges und sehr spezielles Verhältnis zwischen diesen Arten entwickelt. Doch trotz aller Anpassung an den menschlichen Lebensraum und das Erbe des Wolfes, ist der Haushund ein eigenständiges Geschöpf, welches innerhalb seiner Art viele individuelle, aber auch rassebedingte Unterschiede zeigt. Wenn man beim Hund von artgerecht spricht, muss man immer die Vielfältigkeit und Anpassungsfähigkeit von jedem einzelnen Individuum berücksichtigen.

Domestikation?
Domestizierte Tiere stammen von Wildtieren ab, wurden aber durch Selektion an den Lebensraum beim Menschen angepasst.
Menschen haben im Laufe der Domestikation Verhaltensweisen und Fähigkeiten der Tiere abgeschwächt, die für sie nicht wichtig waren, sowie diejenigen verstärkt, die ihnen irgendwie nützlich erschienen.

Rudelverhalten

Unter Rudel versteht man bei den sogenannten Hundeartigen allgemein kleine Familien, die zusammen leben. Doch lässt sich das auch auf Gruppen von Hunden übertragen, deren Mitglieder untereinander nicht verwandt sind?

Große Hundegruppen

In ihrem Buch „Hunde“ (2001) schreiben die Biologen Ray und Lorna Coppinger, die frei lebende Dorfhunde auf der afrikanischen Insel Pempa beobachtet haben, folgende Zeilen:

„Die meisten Hunde auf Pemba leben allein oder in sehr kleinen Gruppen mit maximal drei Tieren. Wenn man drei Hunde miteinander sieht, haben sie oft dieselbe Farbe. Das ist vermutlich ein Hinweis darauf, dass es sich

um ein Muttertier mit Nachkommen oder sonst genetisch verwandte Exemplare handelt." Und etwas weiter schreiben die Autoren im demselben Buch: „Im Gegensatz zu den weit verbreiteten Vorstellungen zeigen Hunde überall auf der Welt kein (oder nur sehr selten) „Rudel"verhalten".

Hunde zeigen also kein (oder nur selten) Rudelverhalten? Ja, ich kann den Aussagen der Coppingers in dem Punkt absolut zustimmen. Auch ich habe mir selbstbestimmt lebende Straßenhunde angeschaut. Und vor allem in der sogenannten „Dritten Welt", wo Hunde wirklich komplett selbstbestimmt, aber trotzdem bei und unter Menschen leben, findet man nur sehr selten Hunderudel, wie wir uns das immer wieder vorstellen. So habe ich in Indien und Tansania feststellen können, dass die dortigen Straßenhunde fast immer allein leben. Zwar treffen sich Hunde an „Futterstellen" (Müllplätze etc.) und streiten sich dann auch mal um Nahrung. Das sind aber keine Rangkämpfe, sondern Einzelauseinandersetzungen um eben ein besonders gutes Futter. Wenn man mal wirklich Hunde gemeinsam sieht, ist das also meist an Futterplätzen. Oft schlafen auch immer dieselben Hunde rund um die Futterplätze. Sie bilden also so etwas wie temporäre Gruppen. Allerdings gehen sie selten bis nie gemeinsam auf Streifgänge und interagieren auch selten untereinander (siehe dazu auch das Kapitel „Tobi und die Ranchhunde", Seite 23). Diese Hunde als Rudel zu bezeichnen wäre so, als wenn man die Menschen, die zufällig gerade in einem Hotel mit Restaurant beisammen sind, als Bande bezeichnen würde. Und ein kurzes Gedränge am Buffet als Rangkampf ... Darum ist das Wort Rudel falsch, wenn man von Gruppen spricht, in denen die Mitglieder nicht verwandt sind. Deshalb sprechen wir insgesamt besser vom Sozialverhalten.

Konkurrenten?!

Oft werden vermeintliche Wahrheiten bezüglich des Verhaltens von Hunden „untereinander“ als Grundlage für das Zusammenleben von Mensch und Hund angesehen. Dabei unberücksichtigt, neben der Tatsache, dass Hunde und Menschen einer anderen Art angehören, ist Folgendes: Während Hunde Artgenossen meist als Konkurrenten ansehen, wird der Mensch eher als Partner, bzw. Hilfe bei der Nahrungsbeschaffung angesehen …

Hunde untereinander

Hunde sind Meister der Anpassung. Darum gibt es also auch durchaus Gruppenbildungen, vor allem rund um feste Fütterungsplätze. Wie es Günther Bloch in „Pizzahunde“ (2007) durch Beobachtungen an verwilderten Haushunden in Italien beschreibt. Die Hunde wurden dort an festen Futterplätzen regelmäßig gefüttert. Im Umfeld der Futterplätze bildeten sich Gruppen heraus.

Wenn allerdings nicht gefüttert wird und das hündische Individuum komplett selbst für seine Versorgung zuständig ist, sprich, die Ressourcen begrenzt sind, sind die größten Feinde die Artgenossen: Artgenossen haben die gleichen Bedürfnisse wie man selbst, also benötigen sie die gleichen Ressourcen. Straßenhunde kommen daher allein besser zurecht, kleine Nahrungsquellen reichen für ein oder wenige Individuen. Große Rudel mit Nahrung zu versorgen ist viel schwieriger. Rudel, wie wir uns das immer vorstellen, habe ich weder in Afrika noch in Asien und auch nicht in Südeuropa häufig sehen können. Und ähnlich wie die Coppingers konnte ich manchmal kleinste Gruppe mit zwei oder drei Tieren beobachten, die sich sehr ähnlich waren. Vermutlich Geschwister. Richtige Rudel nach menschlicher Vorstellung sind für frei bestimmende Hunde eher ungewöhnlich.

Das macht eines klar: Hunde, die eigentlich von Natur aus mehrheitlich nicht mit Artgenossen in einem sozialen Verband zusammenleben, können keine angeborene „Rudelstellungen“ haben!

Und bei der Arterhaltung?

Hunde untereinander sind also eher Konkurrenten um Nahrung. Ab und zu braucht man Artgenossen trotzdem zur Arterhaltung und hat zu verwandten Tieren auch manchmal zeitlich begrenzt ein enges, soziales Verhältnis. Bei der Arterhaltung sind Hunde übrigens, anders als der Wolf, weniger monogam. Während ein Wolfsrüde und eine Wölfin meist eine langjährige Zweiergemeinschaft bilden und sich dazu immer wieder für einen gewissen Zeitraum Welpen „gesellen", ziehen sich selbst überlassene Hündinnen den Nachwuchs meist allein groß.

Hund-Mensch

Hunde sehen andere Hunde also im Grunde als Konkurrenten, Menschen dagegen werden sogar gezielt aufgesucht und nicht als Konkurrenz betrachtet. Das kann man damit begründen, dass Hunde im Laufe der gemeinsamen Geschichte mit dem Menschen gelernt haben, dass dieser eher für Nahrung sorgt (Reste, Müll), als diese dem Hund streitig zu machen. Hunde und Menschen haben daher naturbedingt ein völlig anderes Verhältnis zueinander, als es Hunde untereinander haben.

Mensch und Hund ein Rudel?
Ein ganz wichtiger Gesichtspunkt ist, dass Hunde Menschen nicht als Artgenossen sehen. Menschen und Hunde gehören verschiedenen Arten an, Rudel gibt es aber grundsätzlich nur innerhalb einer Art. Hieraus folgt: Dass zwei unterschiedliche Lebewesen über Artgrenzen hinweg ein Rudel bilden, ist doch ein recht abenteuerlicher Gedanke, auch wenn man immer wieder davon hört, dass man der Rudelführer sein soll etc. Mal davon abgesehen, dass Hunde insgesamt viel solitärer veranlagt sind, als man denkt – das Verhältnis von Menschen und Hunden ist durch viele Tausend Jahre gegenseitiger Anpassung ein ganz spezielles geworden, sie sind Sozialpartner, bilden aber kein Rudel.

Kein schlechtes Gewissen bei Einzelhundehaltung
Hunde müssen nicht zu mehreren gehalten werden. Je nach Individuum sollte man einem Hund allerdings den Kontakt zu Artgenossen ermöglichen, den er möchte und benötigt.

Tobi und die Ranchhunde

Im Herbst 2001 besuchte ich eine Ranch in Kanada. Eine Ranch mit vielen Hunden, die sich vollkommen frei auf dem Gelände bewegen durften. Was mir sehr wichtig war. Ich wollte dort während meines dreiwöchigen Aufenthalts so viel wie möglich darüber erfahren, welche Strukturen Hundegruppen entwickeln, wenn der Mensch keinen direkten Einfluss auf ihr Sozialleben nimmt. Gruppenzusammenstellung, Umfeld, Nahrung etc. waren natürlich durch den Menschen vorgegeben, wie die Hunde aber untereinander arrangierten und insgesamt verhielten, war ihnen überlassen. Hierdurch erhielt ich wirklich spannende Einblicke.

Tobi, das Leittier?

Bei meiner Frage nach dem Boss der Hundegruppe zeigten alle Menschen, die auf der Ranch lebten und arbeiteten, direkt auf einen Hund: Tobi.

Warum sie der Meinung waren, konnte ich an meinem ersten Abend auf der Ranch nach dem Abendessen beobachten. Die Rancherfamilie tischte jeden Abend um 18:00 das Abendessen auf, dessen Reste ca. 45 Minuten später an die Hunde verfüttert wurden. Als die Essensreste hinter der Küche einfach direkt aus den Töpfen auf den Boden geworfen wurden, lagen alle Hunde schon in einer Art Halbkreis um die Futterstelle. In diesem Moment stand nur Tobi auf, alle anderen Hunde blieben liegen. Tobi fraß und die anderen warteten geduldig ab, bis er satt und vollgestopft aufstand und das Futter für sie frei gab. Erst danach fraßen sie – alle ruhig und ohne Futteraggression. „Leittier" Tobi fraß zuerst, daran gab es für niemanden einen Zweifel. Auch für mich nicht. Erst später wurde mir klar, warum Tobi nicht mal ansatzweise ein Leithund war. Lassen Sie mich Ihnen Tobi aber erst einmal in Ruhe vorstellen.

Er war bei meinem Besuch ein bereits älterer Golden-Retriever-Rüde. Seine Besitzer waren vor einigen Jahren nach Kanada ausgewandert und hatten ihn aus Europa mitgebracht. Dort hatten sie ein normales Leben mit ihm geführt. Normale Wohnung, Gassigänge, Haushund – Kumpel und Kuschelpartner. Sein Leben hatte nichts mit Abenteuer, Freiheit, Wildnis oder irgendwelchen „Leithundfunktionen" zu tun.

Mit der Entscheidung seiner Besitzer, eine Ranch in Kanada zu kaufen, änderte sich das Leben des gemütlichen Goldies schlagartig.

Tobi lebte zunächst weiter wie in Europa, lebte im Haus, wurde allerdings nicht mehr zum Gassigang ausgeführt, sondern lief auf dem Ranchbetrieb einfach so „mit". Aktionen, Ruhezeiten etc. teilte er sich sehr schnell im Laufe des Tages selbst ein. Seine Anpassung an das neue, fast freie Leben, brauchte nicht lange. Ranchbetrieb, freie Zeit- und Beschäftigungseinteilung machten aus Tobi einen ausgeglichenen, selbstbewussten Hund. Einen Hund, wie mir seine Besitzer versicherten, der er vor dem Umzug nach Kanada nicht war.

Tobis Familie

Die Rancherfamilie hatte Tobi zwei Damen zur Seite gestellt. Hündin A, wie ich sie aus Gründen der Übersichtlichkeit bezeichne, war eine Border-Collie-Dame. Rassetypisch und fast schon klischeehaft war ihre Lieblingsbeschäftigung, sich tagsüber in der Nähe der Rinder und

abends in der der Pferde aufzuhalten, wenn diese sich frei auf den Weiden bewegen konnten. Sie hütete tatsächlich die Rinder und Pferde. Nicht übermäßig und nicht obsessiv – aber deutlich erkennbar. Mit den anderen Hunden hingegen hatte sie so gut wie keinen Kontakt und kaum Interaktion mit ihnen.

Tobis zweite Gefährtin, Hündin B, war eine kleine Münsterländerin. Diese beschäftigte sich gern damit, kleine Tiere wie Mäuse oder Ratten sowie Murmeltiere auf und rund ums Gelände der Ranchgebäude zu jagen. Vom Gelände entfernte sie sich nur selten. Und auch ihr Kontakt zu den anderen Hunden war eher sporadisch.

Mit beiden Hündinnen hatte Tobi jeweils einen Wurf, bevor durch Kastration weitere Fortpflanzung verhindert wurde.

Tobis Söhne: Aus jedem Wurf hatten die Rancher zwei Rüden behalten. Aus dem Wurf mit Hündin A lebten die zwei schwarzen Rüden, nennen wir sie zur Übersicht hier A1 und A2, auf der Ranch sowie die zwei mit Hündin B gezeugten blonden Rüden B1 und B2. Alle Söhne hatten im Grunde die Größe und Fellstruktur ihres Vaters geerbt, optisch waren die Mütter nicht zu erkennen. Erwähnen könnte man ggf. noch, dass die blonden Rüden etwas jünger als die schwarzen waren.

Die Familie, oder auch das „Rudel“, wenn man es so möchte, bestand als also sieben Individuen: Tobi, seine zwei Damen und seine vier Söhne.

Wenn man jetzt den gängigen Meinungen rund um Hunde folgt, hätte es in dieser Familie eine strikte Hierarchie geben müssen. Ein Alphatier, ein Betatier und so weiter bis zum Omegatier am Ende. Um diese Hierarchien und Strukturen zu dokumentieren und zu verstehen, habe ich mir diese Gruppe angeschaut. Damals noch im festen Glauben, dass es eben diese Strukturen in genau der Form gibt. Über drei Wochen habe ich Daten gesammelt, die Hund so lange „gestalkt“, wie es mir möglich war.

Aber leider fand ich keine geordnete Gruppenstruktur. Einfach aus dem Grund, weil die Gruppe so gut wie nie eine Gruppe war. Tobi, das vermeintliche „Leittier“ war praktisch immer allein, hatte so gut wie keinen Sozialkontakt zum Rest der Gruppe. Außer, wie vorher beschrieben, bei der Fütterung am Abend. Da setzte er sich durch, fraß als erster und am schnellsten. Das hatte aber eher etwas damit zu tun, dass er einfach der körperlich Stärkere gegenüber den Hündinnen war und die Rüden es schon als Welpen gelernt hatten, dass der Vater sehr verfressen und unleidlich am abendlichen Buffet ist. Es war aber insgesamt kein Problem, alle wussten, dass sie genügend Essensreste abbekamen.

Außerhalb der Futtersituation war Tobi, wie gesagt, ein von den anderen Hunden nicht beachteter Hund, soziale Interaktionen konnte ich in 3 Wochen nur in sehr geringem Umfang feststellen. Tobi lebte seine sozialen Interaktionen lieber mit Menschen aus. Niemals führte er das Rudel, keiner der Hunde kam auf die Idee, ihm irgendwohin zu folgen.

Ebenso seine beiden Damen: Auch sie verbrachten den Tag meist allein und zeigten insgesamt sehr wenige Interaktion mit den anderen Hunden. Hündin A rannte gern mit den galoppierenden Pferden um die Wette, während Hündin B versuchte, Mäuse und Murmeltiere zu jagen.

Die Rüden hingegen verhielten sich etwas anders. Zwar hatten auch sie kaum Kontakt zu ihren jeweiligen Müttern oder zum Vater. Allerdings hatten sie ein enges Verhältnis zu ihrem jeweiligen Bruder. So liefen A1 und A2 fast immer gemeinsam durch die Gegend, verbrachte fast den gesamten Tag zusammen. Ihre Stiefbrüder B1 und B2 waren praktisch genauso. Auch sie lebten sehr eng zusammen, in ihrer eigenen Welt. Aber auch getrennt und mit wenig Kontakt und seltener Interaktion zu den anderen Hunden auf der Ranch.

Was sagt uns Tobis Geschichte?

Die Hunde lebten auf der Ranch, verbrachten die Nacht zu ihrer eigenen Sicherheit gemeinsam und eingesperrt, aber ohne nennenswerte Interaktionen, in einer großen Scheune. Am Tag lebten sie eher einzeln oder in kleinen Brüdergemeinschaften. Eine hierarchische Struktur mit einem alles bestimmenden Leittier war in drei Wochen nicht festzustellen.

Tobis Geschichte verdeutlicht gut, dass Hunde von Natur aus nicht in strikten Rangordnungen leben, auch wenn das „Familienoberhaupt“ in seiner ersten Lebenshälfte ein ganz normaler Familienhund war. Es ist schlichtweg Normalverhalten. In Verbindung mit dem Wissen aus dem obigen Kapitel „Konkurrenten?!“ (siehe Seite 20) heißt das für den Zweibeiner: Entspannung!

Auch wenn man immer wieder liest, der Mensch müsse der Boss, der Rudelführer sein, damit der Hund sich wohlfühlt. Und ein Hund könne ohne Rangordnung nicht leben. Nein, weil es das unter Hunden so auch nicht gibt!

Das Märchen von der Rangordnung
Allgemein wird immer noch angenommen, dass Hunde ohne strikte hierarchische Ordnungen nicht leben können. Intensive Beobachtung an weitgehend selbstbestimmt lebenden Hundegruppen lassen allerdings den Schluss zu, dass Menschen ihre enge Betrachtungsweise von hündischem Sozialverhalten überdenken sollten. Das ist nämlich viel individueller und viel weniger strikt.

Rasseunterschiede

In vielen Jahrtausenden der Domestikation haben sich verschiedene Hunderassen herausgebildet – mit vom Normalverhalten abweichenden, an die Bedürfnisse des Menschen angepassten Eigenschaften wie etwa bei der Jagd oder dem Lasten ziehen.

Helfer bei der Jagd

Ein Beispiel für eine Eigenschaft des Wolfes, die der Mensch für sich nutzbar machte, ist dessen Jagdverhalten (siehe Seite 14). Der Mensch lernte während des Domestikationsprozesses rasch, den Wolf bzw. den Hund für die eigene Nahrungsbeschaffung als Unterstützer einzusetzen. Dementsprechend ist das Jagdverhalten bei einigen Hunderassen durch Zucht, also durch

Selektion verändert worden. Mit der Konsequenz, dass ihnen die Fähigkeit zu erkennen, ob der mögliche Jagderfolg ökonomisch sinnvoll ist, weitgehend abgezüchtet und die Reaktion auf den auslösenden Reiz im Gegenzug verstärkt wurde. Das heißt, diverse Jagdhunderassen reagieren sehr schnell und intensiv auf den Reiz, der das Jagdverhalten auslöst. Sie lassen sich dann auch nicht vom Jagen abhalten. Hunde, bei denen diese natürliche Eigenschaft so „perfektioniert", besser gesagt „unnatürlich verändert" wurde, jagen einfach drauflos – ohne zu „denken".

Jagen macht glücklich!?

Erwähnen sollte man an dieser Stelle, dass die Tätigkeit der Jagd an sich sowie ein Jagderfolg beim Hund gute und angenehme Gefühle hervorrufen. Diese Gefühle möchte das Tier natürlich häufiger erfahren.

Das unterscheidet unsere Vierbeiner ganz klar von ihrem Urahn. Zwar ruft die Jagd und deren Erfolg beim Wolf auch positive Gefühle hervor und diese sind mit ein Antrieb dafür, dass der Wolf jagt, sich ernährt und existiert. Trotzdem ist bei einem hormonell gesunden Wolf die angeborene Eigenschaft, nicht unnötig Energie zu verschwenden, wichtiger, als durch Jagd Glücksgefühle zu bekommen. Ein Wolf würde immer gefundene Nahrung, für die er nicht jagen muss, der Nahrung vorziehen, die er sich aufwendig erlegen muss. Überleben mit wenig Aufwand ist der stärkste Antrieb ...

Normalverhalten?!

Hunde, die bei kleinstem Reiz übertrieben und ohne natürliche Bremse losjagen, sind so gezüchtet worden, um dem Menschen in bestimmten Situationen jagdlich zu helfen. Das Einbremsen hat dann irgendwann der Mensch übernommen, oft mit unfreundlichen Mitteln. Hauptsache, der Hund hat Wild aufgescheucht und dem Menschen vor den Speer oder die Flinte gehetzt.

Überspitzt formuliert heißt das: Im Grunde ist dieses übersteigerte Jagdverhalten eine Degeneration des sinnvollen Verhaltens eines Wildtieres.

Helfer beim Lasten bewegen

Es wurden aber nicht nur Eigenschaften verstärkt, wie im vorigen Abschnitt das beschriebene Jagdverhalten.

Hunde wurden auch dafür eingesetzt, schwere Lasten zu ziehen. Diese Hunde durften sich dabei durch nichts ablenken lassen. Sprich, bei ihnen musste das Jagdverhalten unterbunden werden. So haben beispielsweise die kräftigen Bauernhunde des Alpenraums, etwa die Berner Sennenhunde, Wagen mit Milch ziehen müssen etc. Wären diese bei der Tätigkeit immer sofort jedem Reiz hinterhergelaufen, hätte das zu Schäden an der Fracht geführt.

Rassen unterscheiden sich also teilweise sehr stark über die Ausprägung des angeborenen Verhaltens.

Hund sein dürfen

Hundehaltung unterliegt in der heutigen Zeit sehr vielen Moden und orientiert sich nicht am Normalverhalten. Die wesentlichen Dinge des Zusammenlebens von Mensch und Hund werden viel zu oft vergessen.

Allgemeine Bedürfnisse

Jeder Hund hat, wie alle Lebewesen, eine Reihe von grundlegenden Bedürfnissen. Er muss ausreichend **Nahrung und Wasser** in guter Qualität zur Verfügung gestellt bekommen. Wie sein Vorfahr, der Wolf, und alle selbstbestimmt lebenden Artgenossen, benötigt der Hund **viel Ruhe** und ausreichend Möglichkeiten zum Schlafen. Zwar gibt es immer individuelle und rassebedingte Unterschiede, dennoch sollte man ihm ca. 17 bis 20 Stunden Ruhezeit einräumen. Die **körperliche Bewegung** ist allerdings ebenfalls wichtig, damit das gesamte körperliche System „funktionstüchtig" bleibt. Das Bedürfnis nach Bewegung ist grundlegend, welches man einem Hund nicht verwehren darf. Auch hier muss man aber wieder individuelle und rassebedingte Eigenschaften berücksichtigen. Jeder Hund braucht angemessene Beschäftigung, die jedoch nicht übertrieben werden darf (siehe auch Seite 38).

Ein weiteres wichtiges Grundbedürfnis eines Hundes ist die **geistige Auslastung**. Vom Ursprung her ist der Hund ein Beutegreifer, bzw. ein „Beuteabstauber", der sich seine Nahrung suchen und erarbeiten muss. Er kann nicht, wie viele Pflanzenfresser, einfach den Kopf senken und beispielsweise Gras fressen. Nahrungssuche bedeutet auch, dass dabei zum Überleben Probleme gelöst werden müssen. Sei es bei der Jagd oder bei der Zerlegung der Beute. Aber auch das Zerlegen und Bearbeiten von menschlichen Nahrungsresten, von Verpackungen usw. stellt zum Beispiel Straßenhunde vor Probleme. Der Hund ist, wie gesagt, ein Lebewesen, welches sein Gehirn oft und gezielt nutzen muss. Darum ist es wichtig, dass dieses ausreichend Input bekommt, geschult und flexibel gehalten wird. Dazu gehört ausgiebiges Schnüffeln, was das Gehirn fordert und fördert. Dazu gehören aber auch Tätigkeiten wie das Zerlegen von Nahrung, welches man simulieren kann.

Nicht zu den Grundbedürfnissen gehört übrigens das Jagen. Das ist nur ein Verhalten, welches bei Bedarf abgerufen wird, um das Bedürfnis nach Nahrung zu befriedigen.

Grundbedürfnisse des Hundes
Neben den Bedürfnissen Nahrung und Wasser gehören ausreichend Schlaf, Bewegung (nicht übertrieben) und geistige Beschäftigung zu den allgemeinen Bedürfnissen des Hundes. Jeder Hundehalter muss dafür Sorge tragen, dass diese Bedürfnisse befriedigt werden.

Soziales Verhalten

Die soziale Grundausrichtung von Hunden ist eher familiär freundlich und nicht von strikten Hierarchien gekennzeichnet (siehe Seite 15). Zudem verfügen sie über ein reichhaltiges Repertoire an Körpersprache.

Doch Vorsicht: Es ist auffällig, dass man speziell im Hundebereich immer häufiger von Körpersprache spricht, wenn etwa gerempelt, gezwickt und geruckt wird, aber körperliches Bedrängen gemeint ist. Körperliches Bedrängen ist Teil des direkten körperlichen Einwirkens – hat aber nichts mit Körpersprache zu tun.

In diesem Zusammenhang entsteht leider oft der Eindruck, dass körperliches Einwirken immer nur etwas mit Strafen zu tun hätte. Dabei gibt es auch freundliche Körperlichkeit wie etwa Streicheln usw.

Ich habe zum Beispiel vor einigen Monaten einen neuen Hund als Zweithund bei mir aufgenommen. In der Zeit haben sich mein neuer Hund Jitka und mein „alteingesessener" Hund Regaliz angenähert und kennengelernt. Sie haben viel Körpersprache gezeigt, beispielsweise, ob eine Annäherung des jeweils anderen erwünscht ist oder nicht. Und es wurde auch häufig körperlich eingewirkt: Sie beleckten sich gegenseitig, knabberten freundlich im Fell des jeweils anderen. Körpersprache und freundliche Körperlichkeit kennzeichnen die letzten Monate. Was ich aber noch nicht einmal erlebt habe, waren Rempeleien, Zwickereien oder andere unfreundliche Körperlichkeiten. Konfliktsituationen innerhalb der Familiengruppe wurden verbal oder körpersprachlich beigelegt, sehr selten körperlich. Wie eigentlich bei allen meinen Hunden, die ich über die Jahre hatte.

Wie in dem Beispiel geschildert, läuft das soziale Verhalten von Hunden meist auf der freundlich, kommunikativen Ebene ab.

Der Hund ist von Natur aus sozial anpassungsfähig, was sich in seiner evolutionären Vergangenheit begründet. Wie ich bereits dargestellt habe, ist sein Urahn Wolf ein ausgesprochen soziales Lebewesen (siehe Seite 13). Zu Recht wird jetzt sicher mancher denken, dass Hunde doch keine Wölfe sind. Das stimmt natürlich. Hunde sind domestizierte Wölfe, das heißt, sie haben sich (oder sie wurden) an den „Lebensraum beim Menschen" angepasst. Ihre sozialen Fähigkeiten haben sie beim Domestizierungsprozess aber nicht verloren. Im Gegenteil: Ihre Fähigkeit, sich sozial anzupassen, ist in der Nähe von Menschen sogar noch wichtiger als unter Artgenossen. Nur so schaffen es Hunde, seit vielen Tausenden von Jahren, mit uns klarzukommen. Hunde sind also, wie der Wolf, immer noch sozial anpassungsfähige Lebewesen, die in einer sozialen Gruppe eher um Harmonie als um Konflikte und Rangordnungsstreitigkeiten bemüht sind. Wenn man an dieser Stelle Bilder von kämpfenden Hunden auf Spielwiesen (siehe Seite 54) vor Augen hat, oder Mehrhundehalter sagen, dass ihre Hunde ständig aneinandergeraten, muss man wieder zur vorher genannten Wolfsforschung zurückblicken. Als ich davon sprach, dass eingesperrte Wölfe in willkürlichen Gruppen auf engstem Raum kein normales Sozialverhalten zeigen, so kann man das auch auf die Hundehaltung übertragen. Wenn man beispielsweise mit sehr vielen Hunden auf engem Raum lebt, sich diese nicht aus dem Weg gehen können – dann ist es wieder so, als würde man Gefängnisinsassen als Beispiel für die gesamte menschliche Gesellschaft heranziehen. Damit man mich nicht falsch versteht: Selbstverständlich ist eine Mehrhundehaltung möglich und kann auch gut sein. Die Individuen müssen aber genügend Freiraum voneinander haben, sich jederzeit großräumig aus dem Weg gehen können und auch mal einzeln ausgeführt und/oder beschäftigt werden. Sonst kommt es zum „Lagerkoller" und sozialen Auseinandersetzungen, die nicht dem natürlichen Verhalten von Hunden entsprechen.

Schaut man sich zum Beispiel Hunde an, die relativ frei leben können (etwa Straßenhunde in Afrika), unterscheidet sich deren Sozialverhalten deutlich von dem der Hunde, die auf engstem Raum leben und keine sozialen Freiräume haben. Relativ frei lebende Hunde zeigen im Prinzip genau das gleiche Sozialverhalten wie Wölfe: Keine großen Streitigkeiten mit Artgenossen – auch mit aus dem Grund, dass frei lebende Hunde meist allein leben. Der falsche „Rudeleindruck" entsteht dann, wenn man mehrere Straßenhunde beispielsweise an einer Futterquelle (Müllplatz etc.) beobachtet. Das Leben an sich gestalten die meisten Straßenhunde aber solitär (siehe Seite 19).

Anpassen und arrangieren – die herausragenden Eigenschaften der Hunde

Die herausragende Eigenschaft von Hunden ist die Anpassungsfähigkeit, vor allem im sozialen Bereich. Hunde sind nicht an strikte soziale Strukturen gebunden, sondern können sich mit ihren jeweiligen Sozialpartnern arrangieren.

Hündischer Alltag

Über kaum ein Thema findet man mehr Ratschläge als über die Beschäftigung von Hunden. Wenn man vielen Ratgebern glaubt, müssen Hunde oft und lange beschäftigt werden, damit die „überschüssigen Energien", die der Mensch dem Hund durch regelmäßige Fütterung liefert, ständig abgebaut werden. Was ja, wenn man einmal in Ruhe darüber nachdenkt, schon in seiner eigenen Aussage recht fragwürdig ist. Ich persönlich habe noch nie festgestellt, dass ich, je mehr ich esse, einen Energieschub bekomme und den Drang nach mehr Bewegung verspüre. Die Natur hat den Mechanismus der Energiezufuhr und des Energieverbrauchs wesentlich logischer und effizienter geregelt: Energie wird nur dann verbraucht, wenn es auch Sinn macht, sie zu verbrauchen. Bei der Jagd, beim Kampf – zum Überleben. Führe ich dem Körper mehr Nahrung zu, als er im Moment verbraucht, wird die Energie eben gespeichert. Man wird dicker und träger ...

Hunde sind von ihrer Natur aus eher so angelegt, dass sie Energie sparen. Sie bewegen sich, um ihren Körper funktionsfähig zu halten, Nahrung zu besorgen und arttypische Notwendigkeiten durchzuführen – wie etwa das Territorium zu sichern und zu markieren.

Wie schon an anderer Stelle erwähnt, habe ich mir viele Hunde und Hundeartige in ihrem weitgehend vom Menschen nicht bestimmten Alltag angeschaut. In einem Alltag und Lebensraum, der zwar oft stark vom Menschen geprägt und beeinflusst ist (Städte, Abfall als Nahrung, Menschen in der Nähe etc.), aber nicht vorgegeben. Was und wie sie es tun, entschieden die beobachteten Hunde selbst. Man muss zwar rassebedingte Verhaltensunterschiede berücksichtigen. Aber, und das hat mich in all den Jahren auch immer wieder selbst erstaunt, werden Rasseunterschiede bei selbstbestimmt lebenden Hunden weit weniger sichtbar, als wenn Menschen den Hundealltag gezielt gestalten.

Trotzdem: Rassebedingt variieren Verhaltensweisen, das sollte man bei der Betrachtung nicht übersehen. Aber der grundsätzliche Tagesablauf aller selbstbestimmten Hunde und Hundeartigen ist sich sehr ähnlich.
Grob zusammengefasst kann man ihn so beschreiben:

- Territoriumsicherung (markieren beim Streifgang)
- Nahrungssuche und Beschaffung (während des Streifgangs)
- Soziale Interaktion mit Artgenossen und Spiel je nach Energiehaushalt. Und individueller Vorliebe.
- Ruhen, liegen, schlafen, dösen. Je nach Rasse und Individualität 15 bis 20 Stunden am Tag. Aber bei keinem körperlich und hormonell gesunden Hund, egal welcher Rasse, kann man in der Regel ein Schlafbedürfnis unter 15 Stunden beobachten.

Den Tagesablauf, wie er bei Wildhunden und relativ unabhängigen Haushunden stattfindet und er über Jahrtausende stattfand, den Tagesablauf kann man auch heute noch mit fast jedem Haushund „simulieren".

Territoriumsicherung

Eine Möglichkeit, die Territoriumsicherung zu simulieren, ist, den Hund etwas „bewachen zu lassen", etwa ein Fenster oder den Garten. Wichtig ist nur, dass sich der Hund nicht hineinsteigert und sich abrufen lässt, wenn ich ihm vermittele, dass ich nach seiner Mitteilung durch Bellen die Situation im Griff habe. Sprich, der Hund kann etwas bewachen und melden, bis der Besitzer „übernimmt". Weiter gehört zur Territoriumsicherung natürlich der Streifgang, das „Erschnüffeln" fremder Duftmarken im Revier und das Übermarkieren bzw. das eigene Markieren.

Nahrungssuche und Beschaffung

Die Tätigkeit der Nahrungssuche ist eigentlich ein Bestandteil der Streifgänge. Man sollte Hunden daher auch das Schnüffeln in einem gewissem Rahmen erlauben. Natürlich kann man auch Suchspiele nach Futterbrocken gezielt einbauen. Zusätzlich kann die Nahrungsbeschaffung bzw. die Nahrungsaufnahme spannend gestaltet werden, indem man das Futter vielleicht schwerer zugänglich macht – man es teilweise in ein Futterspielzeug (beispielsweise ein Kong) stopft. So wird sich die Nahrung also „erarbeitet. Ich persönlich mache es mit meinen Hunden immer so, dass wir einen langen Streifgang unternehmen, zwischendrin gibt es etwas Nasenarbeit und daheim angekommen, gibt es ein wenig Nahrung aus dem Napf und etwas Nahrung aus einem (gut gestopften) Kong.

Soziale Interaktion mit Artgenossen

Dies sollte auch jedem Hund ermöglicht werden, allerdings muss man hier auf die jeweiligen individuellen Vorlieben, aber auch auf die körperliche Konstitution Rücksicht nehmen. Nicht jeder Hund mag ständigen Kontakt zu Artgenossen, besonders nicht zu fremden – und nicht jeder Hund ist in gleicher Weise „robust“.

Herumliegen und Ruhen

Ja, und eine der wichtigsten Beschäftigungen eines ausgelasteten Hundes ist natürlich auch das Herumliegen und Ruhen. Dies muss man dem Hund ermöglichen. Auch mit Rückzugsorten (in Räumen, aber auch ruhige Liegeplätze sind möglich), an denen der Hund wirklich zur Ruhe kommen kann. Zudem müssen Hunde nicht jeden Ausflug in Cafés, Städte oder Freizeitparks mitmachen. Zwar ist etwas geistige Abwechslung gut und wichtig, einen Hund überall hin mitzunehmen übersteigt aber die natürlichen Bedürfnisse von Hunden.

Stressfreier Hunde-Alltag

Wenn Hunde selbstbestimmt leben, ist der Tagesablauf weit weniger aufregend und stressig, als wenn er von Menschen mit Beschäftigungsprogrammen gestaltet wird. Hunde brauchen neben individueller Bewegung und dosierter Beschäftigung viel Ruhe – zur inneren Ausgeglichenheit.

Problemverhalten Hund

Jedes Lebewesen hat seinen ganz eigenen, individuellen Blick auf Sachverhalte. Jeder hat andere angeborene Veranlagungen, andere Erfahrungen und Interessen. Ein Perspektivenwechsel lohnt sich bei der Beurteilung von „Problemverhalten“ daher unbedingt.

Normal- versus Problemverhalten

Schnell kann aus einem Normal- ein Problemverhalten werden, wie ich an den Beispielen Mehrhundehaltung und der Rasseeigenschaft dem Jagen aufzeige.

Mehrhundehaltung

Aus dem Normalverhalten von Hunden bezüglich ihres Sozialverhaltens anderen Hunden gegenüber lässt sich schließen, dass sie am liebsten alleine mit ihrem Menschen leben – sie brauchen kein Rudel. Funktioniert dann überhaupt eine Mehrhundehaltung? Ist sie „hundegerecht“?

Natürlich funktioniert sie! Ich selbst bin ein Freund der Mehrhundehaltung. Man muss dann aber genau wissen, wie man das angeht: Die Hunde müssen genügend Freiraum haben, dürfen nicht 24 Stunden auf engstem Raum zusammenhocken und man muss individuelle Eigenschaften einschätzen und daraus resultierende Bedürfnisse individuell befriedigen können.

Es ist aber keinesfalls so, dass Hunde sich nur glücklich fühlen können, wenn mehrere Hunde in einem Haushalt leben. Man denke daran, wie selbstbestimmte Straßenhunde leben …

Problematische Rasseeigenschaften

Hunderassen unterscheiden sich unter anderem durch unterschiedliche Verhaltensweisen bezüglich einer Beute, des Territoriums, ihrer Aktivität, Erregbarkeit usw. Selbstverständlich gibt es dabei nicht den einen Hundetyp der Rasse X – weitere Faktoren können hierbei eine Rolle spielen, die sich auf das individuelle Verhalten auswirken.

In diesem Kapitel möchte ich anhand von einem Beispiel aufzeigen, dass es für den Hundehalter wichtig ist, über die Rasseeigenschaften seines Vierbeiners informiert zu sein, um nicht unwissentlich aus dessen Normalverhalten ein Problemverhalten zu machen. Es gibt über das hier Erwähnte aber viele weitere Sachlagen, die man rassebedingt beurteilen muss. Die im Einzelnen aufzuführen, würde hier den Rahmen sprengen. Gute Hilfe können Ihnen viele Hundepsychologen liefern, wenn es um Rasseeigenschaften und adäquate Beschäftigungen für die jeweilige Rasse geht. Grundsätzlich gilt aber: Wenn man keine süchtigen Hunde produzieren möchte, ist weniger meist mehr. Man muss die Grundbedürfnisse nach Bewegung und geistigem Input befriedigen, die Hunde aber nicht durch Überbeschäftigung zu Junkies machen.

Jagdverhalten

Wie im Kapitel „Total normal“ (siehe ab Seite 30) beschrieben, liegt die Reizschwelle, an der das Jagdverhalten ausgelöst wird, bei Jagdhunden dementsprechend sehr niedrig. Das soll sie auch, diese Hunde sollen ja laut Zuchtziel so reagieren. Vielfach wurde oder wird im jagdlichen Gebrauch die Schwelle noch tiefer gesetzt als sie ohnehin bei den speziellen Rassen schon ist, etwa durch ständige Konfrontation mit auslösenden Reizen, zum Beispiel der Reizangelbeschäftigung. Sehr schnell kreiert man sich damit einen hyperaktiven Hund, der mangels hormonellem Ausgleich zu dieser einseitigen Konfrontation mit Reizen zu einem Süchtigen nach den angenehmen Gefühlen wird, die die Ausübung des Jagdverhaltens mit sich bringen. Zu anderen Zeiten wurden die Hunde gern in Zwingern gehalten – die einzige Freude, die diese Hunde hatten, war das Ausleben ihrer Sucht. Fälschlicherweise bezeichneten die Hundehalter, die diese Sucht und das Verhalten für sich nutzten, das als „Trieb", den der Hund ausleben müsse.

Was bedeutet das nun für solche Hunderassen, wenn sie als Familien- und Haushunde gehalten werden? Hartnäckig hält sich der Tipp, dass diese Hunde über Ballspiele usw. ausgelastet werden müssten, weil sie sonst unleidlich würden. Dieser Ratschlag gehört ganz klar in den Bereich der Mythen: Hunde, die zuchtbedingt eine niedrige Reizschwelle haben, sollten nicht dauerhaft mit zusätzlich reizschwellen-herabsetzenden Beschäftigungen „bespaßt" und somit das Risiko eingegangen werden, den Hund süchtig zu machen. Geeigneter wären kontrollierte Such- und Apportierspiele. Darüber, wie man nicht jagdlich geführte Jagdhunde sinnvoll beschäftigt, gibt es zahlreiche Literatur.

Vor Augen halten muss man sich, wenn man einen Jagdhund hält, dass für sie das Jagdverhalten Normalverhalten darstellt. Egal, ob sie tatsächlich für die Jagd eingesetzt werden oder nicht.

Rasseeigenschaften aus einem anderen Blickwinkel

Bei der Hundehaltung muss man Rasseeigenschaften berücksichtigen. Allerdings muss man auch lernen, den Blickwinkel zu ändern. Zu viel und falsche Beschäftigung sind Hauptgründe für hyperaktive Hunde mit hormonellen Störungen.

Rolfs Geschichte - Teil 1

Gestatten: Rolf

In meinem inzwischen recht langen Berufsleben bei der Arbeit mit Menschen und Hunden hat sich folgendes immer wieder bestätigt: Man sollte nie pauschale Schlüsse ziehen, an keine Methoden glauben, sich vor allem in Hund UND Mensch hineinversetzen können und mit Weitsicht quer denken ...

So war es beispielsweise bei einem Fall, der zwar schon einige Jahre zurückliegt, der jedoch in meinen Augen sehr schön zeigt, was ich mit den vorher gesagten Worten meine.

Rolf, ein Beaglemix, wird uns auch im Laufe des Buches weiter begleiten. Sein Frauchen hatte ihn mit ca. zwei Jahren aus dem Tierheim geholt, wo seine Vorgeschichte nicht bekannt war. Nur das Wissen um seine Jagdleidenschaft nahmen Rolf und sein Frauchen mit nach Hause. Sie wollte mit der Pfeife daran arbeiten – so das Versprechen des Frauchens gegenüber den Tierheimmitarbeitern.

Rolfs „Problem“

Seine Hundehalterin kontaktierte mich, weil sich der mittlerweile dreijährige Rolf auf dem Gassigang nicht löste, sondern sein Geschäft immer nur daheim in der Wohnung erledigte. Also begleitete ich die Dame und Rolf bei einem Spaziergang. Der Hund lief dabei frei, war jedoch sehr angespannt, bewegte sich, mit recht aufrechtem und steifem Gang, ca. drei bis vier Meter vor dem Frauchen.

Rolf lief also ohne Leine. Das Frauchen hatte den Hund gut trainiert, einen sicheren Rückruf mit der Pfeife etabliert. So schilderte sie es mir zumindest. Und sie lehnte alle Methoden ab, die mit Gewalt und Schreckreizen bei der Hundeausbildung zu tun haben. Sie hatte den Rückruf, nach ihren Worten, positiv aufgebaut – Pfeifen, Leckerchen, bis Rolf verstanden hatte, dass es ein Leckerchen gibt, wenn er zu ihr zurückkommt.

Angespannter „Freilauf“

Im Laufe des Spaziergangs wurde der Grund für Rolfs Anspannung sehr auffällig. Immer, wenn Rolf etwas weiter als den vom Frauchen geduldeten Abstand voranlief, nutzte sie den Rückruf per Pfeife. Worauf der Hund auch direkt zurückkam, sich sein Leckerchen abholte und dann wieder innerhalb des tolerierten Abstands vor Frauchen herlief. Bis er wieder etwas zu weit war …

Das passierte nicht übermäßig häufig, Rolf hatte den vermeintlich korrekten Abstand sehr gut im Gefühl. Aber während des ca. 30-minütigen Spaziergangs wurde er etwa fünf Mal zurückgerufen. Der Hund lief zwar vermeintlich frei, war aber ständig in der Anspannung, dass er zurückgerufen werden würde und zum Frauchen laufen musste.

Des Rätsels Lösung

Im Grunde bin ich ein Freund des Rückrufs über Pfeife. Aber auf eine gewisse Entfernung und auch nur selten benutzt – damit sich das Signal nicht abnutzt und außerdem positiv belegt bleibt. In diesem Fall, so nah beim Hund und sehr oft getätigt, war es ein Schreckreiz, ein unangenehmes Abbruchsignal. Ein Signal, auf das Rolf ständig wartete, wenn er ohne Leine lief. Seine permanente Anspannung wurde dann immer nur kurz unterbrochen, wenn der Pfiff ertönte und er sich sein Leckerchen holte. Es war von der Besitzerin gut gemeint: Sie dachte, sie hätte dem Hund gewaltfrei, positiv verstärkt, den

„Freilauf“ beigebracht. In Wahrheit aber war der Gassigang für den Hund eine stressreiche Geschichte unter Daueranspannung. Und diese Art der dauerhaften Anspannung ist für den Körper sehr anstrengend – und natürlich auch für die Psyche. Ein weiterer Nebeneffekt ist in diesem Zustand der Anspannung, dass das Verdauungssystem nicht „arbeitet“. Diese Anspannung ist von der Natur eingerichtet worden, dass man sich verteidigen oder flüchten kann. Da kann sich das System nicht auch noch um die Verdauung kümmern. Alles geht eben nicht.

Perspektivenwechsel

Problemverhalten liegt immer im Auge des Betrachters. Durch einen Perspektivenwechsel gelingt oftmals eine Relativierung des vermeintlichen Problemverhaltens.

Der Blickwinkel des Hundehalters …

Wenn ein Hund ein flüchtendes Beutetier sieht, ist es für ihn überhaupt kein Problem, hinter diesem herzulaufen. Das Beutetier hat damit durchaus ein Problem, weil es sein Leben bedroht sieht. Und der Hundehalter hat damit ein Problem, wenn der Vierbeiner ein Familienhund ist und er Nachbars Katze durch die Wohngegend hetzt. Scheucht der Hund eines Jägers aber bei der Jagd Hasen auf, so ist das Verhalten wiederum in Ordnung.

Mit diesem Beispiel möchte ich deutlich machen, dass wir je nach Perspektive das gezeigte Verhalten eines Hundes einmal als unproblematisch und einmal als problematisch einstufen. Es zeigt auch, dass wir in der Lage sein sollten, unterschiedliche Blickwinkel einzunehmen, unseren eigenen bisherigen zu ändern und uns auch in andere Blickwinkel hineinzuversetzen.

… auf die Grenzen in der Pubertät

Schauen wir an dieser Stelle aus dem Blickwinkel eines Hundehalters auf einen heranwachsenden Hund. Sagen wir, einen einjährigen Hund mittlerer Größe. Vielleicht einen Labrador. In dem Alter befindet sich ein Labrador meist mitten in der Adoleszenz, dem Zeitraum der geistigen und körperlichen Reifung. Innerhalb dieser Reifungszeit liegt auch die Pubertät, die Zeit der sexuellen Reifung. Während der Reifungszeit vom Welpen zum körperlich und geistig voll entwickelten, erwachsenen Lebewesen wird, salopp gesagt, das Gehirn „umgebaut“. Während dieses Umbaus kommt es vor, dass bereits gelernte Dinge schlicht im Umbauprozess vergessen oder „vergraben“ werden und nicht mehr abgerufen werden können. Oft hört man von Hundebesitzern, die ihren Hunden im Welpenalter schon viel beigebracht haben, dass die Hunde plötzlich nicht mehr das machen würden, was sie gelernt haben. „Das hat er alles schon gekonnt. Jetzt macht er es nicht mehr.“, sind Sätze, die ich in meiner Praxis als Hundepsychologe immer wieder höre. Abschließend gefolgt von den Worten: „Der ist jetzt in der Pubertät und testet seine Grenzen aus. Er will wissen, wie weit er gehen kann …“

Der junge Hund, der sich also auf das Signal „Sitz“ nicht mehr setzt, sondern seinen Besitzer mit großen Augen anschaut, testet also Grenzen aus? Er will wissen, wie weit er gehen kann? Wohin möchte er denn überhaupt gehen?

Dieses „austesten“, wie weit ein Hund gehen kann, ist ein sehr menschlicher Blickwinkel. Nicht überall auf der Welt, aber sicher in Mittel- und Nordeuropa, hält sich hartnäckig der Glaube, dass Hunde von Natur aus hierarchische Lebewesen seien, die immer nach irgendeiner

Macht streben. Das stimmt aber nicht. Fakten belegen heute eigentlich sehr genau, dass Hunde zwar sozial sehr anpassungsfähig sind, aber nicht danach streben, irgendeine Macht über Menschen an sich zu reißen. Der Blickwinkel auf den Hund und die vermeintlichen Grenzen entspringt eher einer menschlichen Märchenwelt, als dass er sich an nachgewiesenen Fakten der Verhaltensbiologie orientiert (siehe Seite 18).

Der Hund, in unserem Beispiel der Welpe, weiß einfach in der Zeit des geistigen Umbaus nicht, was der Mensch von ihm will. Der Mensch glaubt, der Hund würde bewusst Grenzen austesten. Zwei Lebewesen – zwei Blickwinkel.

... auf das Spielverhalten

Wie schon an mehreren Stellen erwähnt, vermitteln sich Hundehalter untereinander, dass Hunde gern in zusammengewürfelten Gruppen leben. Darum werden oft Hunde, beispielsweise auf Spielwiesen, einfach zusammengebracht. Und häufig kann man bei zufällig zusammengebrachten Hundegruppen auch Spielverhalten beobachten. Was wiederum die Menschen in ihrer Annahme bestätigt, dass Hunde immer gern auf fremde Artgenossen treffen und mit diesen freudig ein Spiel beginnen würden.

Wie beschrieben, sind Hunde nicht wirklich darauf erpicht, immer neue Artgenossen zu treffen. Aber wieso zeigen sie so häufig Spielverhalten bei der Begegnung mit fremden Hunden? Nun, das kann man eigentlich recht einfach erläutern: Hunde sind in der Regel immer darauf bedacht, keine ernsten Auseinandersetzungen mit Verletzungsgefahr zu erleben. Individuelle negative Sozialisierung sowie Erlebnisse und Eigenschaften mal ausgeklammert, denn diese können dazu führen, dass dieser angeborene Mechanismus zur Konfliktvermeidung „hakt“...

Wenn man aber davon ausgeht, dass ein Hund bei einer Begegnung mit einem fremden Artgenossen erst einmal auf Konfliktvermeidung aus ist, ist Spielverhalten sicher das erste Mittel der Wahl. Im Spielverhalten sind immer Sequenzen vorhanden, die beruhigen sollen, die dem Gegenüber vermitteln, dass Konflikte vermieden werden und man selbst keine Gefahr darstellt. Weil dieses Spielverhalten also Konflikten vorbeugen kann, setzen es viele Hunde bei Begegnungen mit fremden Hunden ein, um Friedfertigkeit zu demonstrieren. Wenn sie dieses Mittel wählen, kann man aber auch von einer gewissen Unsicherheit der Hunde, die es zeigen, ausgehen.

Aus dem Blickwinkel des Hundehalters sieht es also so aus, als wolle der eigene Hund gern mit fremden Hunden spielen. Der Hund sieht das aber möglicherweise ganz anders. Er fühlt sich unwohl bei Hundebegegnungen, möchte aber durch Spielverhalten Konflikte vermeiden.

... auf das Markierverhalten

Angetrieben durch den Glauben vieler Hundehalter an strikte Hierarchien bei Hunden, wird auch das Markierverhalten oft recht merkwürdig interpretiert: Aus diesem Blickwinkel will der Hund, der über den Urin des ersten Hundes uriniert, seine Vormachtstellung demonstrieren. Wie oft habe ich schon von Kunden gehört: „XY ist der Boss. Er markiert immer drüber, wenn XX das Revier markiert." Handelt es sich hierbei aber tatsächlich über eine Art „Machtkampf"?

Grundsätzlich handelt es sich beim Markieren um eine hündische Kommunikationsform. In dem oben geschilderten Fall, wenn also XY über die Markierung von XX (ein ihm fremder Hund) uriniert, handelt es sich um Territorialverhalten.

Wenn man aber mehrere Hunde hält, kann man beobachten, dass oft ein Hund über den Urin eines anderen aus der Gruppe markiert, wenn dieser beispielsweise an einer Häuserecke die Markierung eines fremden Artgenossen überschrieben hat. Aus Hundesicht kann man dieses Markierverhalten von einzelnen Gruppenmitgliedern vollkommen anders interpretieren: Bei Familien von Hundeartigen ist es in der Regel so, dass alle Mitglieder der Familie an der gleichen Stelle markieren. Ganz einfach darum, um dem „Feind" mitzuteilen, dass man nicht allein und somit stärker ist. Das Übermarkieren innerhalb einer Gruppe hat also nichts damit zu tun, dass man in der Gruppe „den Boss" spielen möchte. Dieses Übermarkieren gilt aus dem Blickwinkel der Hunde nur fremden Artgenossen.

Die Sicht auf den Hund ist vielseitig geprägt – aber nicht immer objektiv
Der Hundehalter sieht seinen Hund und dessen Verhalten aus einem bestimmten Blickwinkel. Dieser Blickwinkel kann persönlich, faktisch oder gesellschaftlich beeinflusst sein. Der menschliche Blickwinkel ist also immer individuell und nicht allgemeingültig zu sehen.

Rolfs Geschichte - Teil 2

Ein interessanter Fakt zu Rolfs Geschichte war, dass das Frauchen vor einiger Zeit einen anderen Hund durch einen Unfall verloren hatte. Der Hund war weggelaufen und dabei überfahren worden – vor den Augen des Frauchens, welches ihn nicht zurückrufen konnte. Aufgrund von dieser Erfahrung hatte sie den Freilauf mit dem Beaglemix Rolf besonders geübt. Bis zu dem Zustand, den ich bei meinem Besuch vorfand und im ersten Teil von Rolfs Geschichte beschrieben habe.

Scheinbar perfekt?

Für Außenstehende sah im Grunde aber alles so aus, wie es „sich gehört": Der Hund ist gut erzogen, sprich, er hört perfekt auf Frauchen und darf dafür frei laufen. Der nichtsahnende Betrachter erkennt dabei sicherlich nicht, dass hier aber zwei höchst angespannte Lebewesen zusammen spazieren gehen: Eines in Angst, dass der Hund weglaufen könnte und etwas Schreckliches passiert und eines in Angst davor, den unangenehmen Pfeifton um

ENTSPANNUNG
ANSPANNUNG
KEINE BESTÄTIGUNG NÖTIG
BESTÄTIGUNG NÖTIG
ANGSTFREI
ANGST
LEINE
KEINE LEINE

die Ohren gehauen zu bekommen, wenn er nicht nah genug beim Frauchen blieb.

Ein typischer Fall von Schein und Sein ...

Und doch so einfach

Keiner der beiden fühlte sich beim Gassigang wohl. Deswegen änderte ich diesen radikal. Rolf wurde angeleint, um endlich frei zu sein. Denn sobald er spürte, dass der Verschluss der Leine an seinem Geschirr befestigt wurde, entspannte er sich sichtlich. Er wusste genau, dass kein Schreckreiz über die Pfeife kommt, wenn er angeleint ist – und Frauchen war auch viel entspannter, weil sie sich mit Leine sicher war, dass der Hund nicht weglaufen kann. Für beide stellte dies eine einfache, eindeutig positive Lösung dar: Der schädliche Dauerstress war sofort wie weggeblasen und war auch zukünftig nicht mehr zu spüren.

Seit dem Zeitpunkt wird Rolf beim normalen Spaziergang, mehrmals täglich, mit einer langen Leine geführt. Eine Leine, die ihm genügend Bewegungsfreiheit rund um sein Frauchen ermöglicht, ihn nicht einengt. Und Frauchen hat gelernt, den Hund an der Leine frei sein zu lassen: Er darf mal den Weg vorgeben, sie erkennt dabei, wie und wohin er sich bewegen möchte und lässt ihn lange und ausführlich schnüffeln und forschen. Frauchen stört Rolf an der Leine nicht. Die beiden sind inzwischen „frei zu zweit“, sie sind nicht angespannt, genießen jeden Gassigang, auf den sie sich freuen.

Und! Das ursprüngliche Problem, weswegen ich gerufen wurde, löste sich im wahrsten Sinne von allein. Der entspannte Hund an der Leine erledigte sein Geschäft wieder draußen statt in der Wohnung.

Allerdings war es mir auch wichtig, Rolf genügend Gelegenheit zu geben, mal rennen und ohne Leine laufen zu können. Das ermöglichen wir ihm heute entweder in abgesichertem Gelände oder in ausgewählten Gegenden draußen, die übersichtlich und weit weg von Straßenverkehr sind. Zudem haben wir ein neues Rückrufsignal etabliert, weil die Pfeife zu stark als Schreckreiz unangenehm verknüpft war. Da der Hund auf das Rappeln seiner Leckerlidose sehr aufmerksam und angenehm reagierte, haben wir eben diese Rappeldose neben dem Wortsignal „Hier“ als positiv aufgebautes Rückrufsignal etabliert. Welches nur selten, aber zuverlässig genutzt wurde. Und bis heute gut funktioniert.

In diesem Fall also ein klares „Nein“ zur Pfeife und ein klares „Ja“ zu Rappeldose. Weil völlig anders eingesetzt als üblich – und individuell zugeschnitten.

PROBLEM

Der andere Weg

Statt der üblichen Trainingsanleitungen möchte ich Ihnen Wege aufzeigen, wie man mit Hundeverhalten leben kann, das man persönlich als problematisch einschätzt. Und dass man lernen kann, für sich vielleicht auch unbequeme Sachlagen einfach zu akzeptieren.

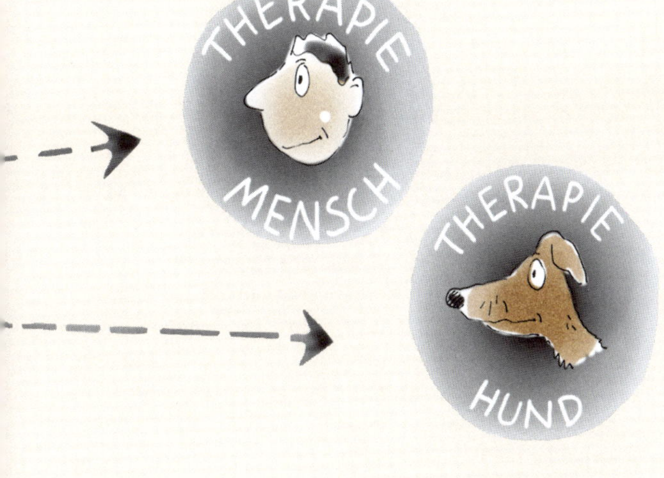

Das Drei-Stufen-Modell

In der (Human-)Psychologie werden Therapien zur Lösung von Problemen gern in drei Stufen angegangen. Dieses Modell lässt sich wunderbar auf unser Thema übertragen.

In den vorangegangenen Kapiteln haben Sie viel über Hunde und ihr Verhalten erfahren. Der zentrale Punkt ist, dass Problemverhalten viel seltener ein echtes Problem ist. Es ist oftmals nur Normalverhalten, das Menschen falsch interpretieren. Mit dem Drei-Stufen-Modell, der Zielanalyse, der Problemanalyse und der Lösungsentwicklung, machen Sie sich auf den Weg, mit besserem Verständnis einen Weg zu finden, mit dem Problem umzugehen oder damit zu leben.

Wir beschäftigen uns ab diesem Kapitel in erster Linie damit, was Sie als Hundehalter tun können, um das Hundeverhalten, das Sie als problematisch einstufen, akzeptieren und selbstbewusst Ihre Entscheidung nach außen vertreten zu können.

Damit möchte ich nicht sagen, dass man grundsätzlich keine Hunde mehr zu trainieren braucht. Wie und wie viel sollte allerdings jeder Hundehalter für sich und seinen Vierbeiner entscheiden. Wichtig ist mir hierbei, dass sich die Entscheidung an den im ersten Teil des Buches erläuterten Bedürfnissen des Hundes orientiert und darauf geachtet wird, dass niemand von einem Hund belästigt oder gefährdet wird.

Neben der persönlichen Entscheidung muss man aber auch immer gesundheitliche Aspekte des Hundes berücksichtigen. Hunde können Probleme der Sinnesorgane haben, weshalb sie ggf. aufgrund von Wahrnehmungsproblemen überreagieren, sie können hormonelle Probleme haben, die sie verunsichern und die nicht immer komplett heilbar sind. Sie können Traumata erlebt haben, die sich nicht einfach „wegwischen" lassen. Und sie können unter vielen anderen chronischen Krankheiten leiden, die nicht heilbar sind, aber einen großen Einfluss auf ihr Verhalten haben. Verhaltensänderungen oder Auffälligkeiten sollten deshalb vor einem Änderungsversuch bzw. einer Problemlösung tierärztlich abgeklärt werden. Werden dann unmittelbar gesundheitliche Probleme festgestellt, ist es gerade für diese Fälle wichtig, dass man Akzeptanz lernt.

Zielanalyse

In der ersten Stufe wird eine Analyse des Ziels erarbeitet: Wo möchten Sie am Ende der „Therapie" stehen, welche Ziele möchten Sie erreichen?

Bei der Erarbeitung des Ziels zu der bekannten Problemstellung stehen dabei fünf wichtige Fragen, mit jeweiligen „Unterfragen", im Vordergrund:

1. Wie attraktiv ist ein Ziel für Sie, den Hundehalter?

> Ist das definierte Ziel wirklich das, was Sie erreichen können und möchten?

2. Ist das Ziel für Sie erreichbar?

> Wie lange wird die Erreichung des Ziels realistisch betrachtet dauern? Welches Wissen ist für Sie dazu notwendig?

3. Können Sie das Ziel initiieren?

> Können Sie den Prozess der Zielerreichung anstoßen? Ist das Ziel so formuliert, dass deutlich ist, wie Sie beginnen können, um das Ziel zu erreichen?

4. Haben Sie ein konkretes Ziel formuliert?

> Ist Ihnen klar, woran Sie arbeiten sollen? Ist das Ziel eindeutig oder eher schwammig definiert?

5. Ist das Ziel positiv definiert?

> Wissen Sie, was Sie erreichen möchten? Oder wissen Sie nur, was sie nicht möchten?

Der Weg zum Ziel
Am Anfang ist für Sie als Hundehalter wichtig, sich ein Ziel zu setzen. Das Ziel muss sowohl für Sie wie für Ihren Hund attraktiv sein und es muss machbar sowie konkret definiert sein. Wenn Sie in der Lage sind, den Weg zum Ziel zu initiieren und das Ziel positiv empfinden, wird es erreichbar. Wenn nicht, sollten Sie es umändern.

Praktische Umsetzung

Um den gesamten Prozess der Lösungsentwicklung für ein vom Menschen als Problem empfundenes Verhalten zu verdeutlichen, lassen Sie uns ein Beispiel zugrunde legen. Dafür eignet sich ein vermeintliches Problem, welches in meiner Praxis oft vorkommt:

Ein Hund bellt immer bei Begegnungen mit fremden Hunden und zieht dabei an der Leine. Der Hundehalter hat in der Vergangenheit bei mehreren Hundetrainern Hilfe gesucht, hat die unterschiedlichsten Erziehungsmethoden ausprobiert und versucht, diverse gutgemeinte Ratschläge von anderen Hundebesitzern umzusetzen – ohne sichtlichen Erfolg. Er hat aus seiner Sicht also „alles schon probiert" und ist offensichtlich von dem Verhalten seines Hundes sehr genervt.

Gehen wir zu diesem Beispiel die zuvor genannten Punkte der Zielanalyse durch:

1. Wie attraktiv ist das Ziel für Mensch und Hund?

Wenn ich auf einen Hundehalter treffe, der mit dem vorher genannten Problem zu tun hat und der mir berichtet, dass er schon alles probiert hat, ist das Ziel, welches der **Mensch** erreichen möchte, eindeutig: Er möchte, dass der Hund ohne zu bellen und zu ziehen an fremden Hunden vorbeigeht. Das ist praktisch das Ziel, das er einerseits aus persönlichen Gründen erreichen möchte (das Ziehen kostet viel Kraft, das laute Bellen schmerzt in den Ohren oder es nervt schlichtweg, ...) und andererseits wird es ihm von außen vorgegeben („Dein Hund muss doch erzogen sein!“; „Du bist der Boss, dein Hund muss machen, was du willst!“). Gern setzen sich Menschen selbst unter Druck, um gesellschaftlich konforme Ziele durchzusetzen. Der Mensch neigt dazu, nicht negativ auffallen zu wollen. Das heißt, auffallen möchten Menschen schon, aber eben positiv: Viele Menschen haben den tiefen inneren Drang aufzufallen, damit sie von anderen beachtet und wahrgenommen werden – das ist gut für das eigene Selbstvertrauen. Andererseits wollen Menschen aber auch immer Teil von etwas sein – zum Beispiel einer sozialen Gruppe.

Klingt nach Widerspruch: Auf der einen Seite angepasst zu sein und auf der anderen Seite Individualität zu suchen. Natürlich, aber wir sprechen hier von Menschen. Es gibt kaum eine widersprüchlichere Spezies auf der Erde ...

Menschen wollen also zwar auffallen und beachtet werden, aber ungern so, dass sie unangepasst in einer freiwillig gewählten Gruppe sind – in unserem Fall die Gruppe der Hundehalter. Diese Gruppe und die Gesellschaft an sich rümpft die Nase, wenn ein Hund bellt und zieht. Der Druck, der auf den Hundehalter aus dem Beispiel wirkt, kommt also von außen und von innen. Das Ziel, dass der Hund ohne zu bellen am fremden Hund vorbeigeht, ist für den Menschen folglich sehr attraktiv. Doch ist das Ziel für den Hund ebenso attraktiv? Und wenn man feststellt, dass das Ziel für den Hund nicht attraktiv ist, sollte man sich durchaus Gedanken um eine Neubewertung der Ziele machen (siehe Seite 72).

Wie attraktiv ist das obige Ziel nun für den **Hund?**
Wie wir in den ersten Kapiteln des Buches erfahren haben, sind Hunde keineswegs Lebewesen, die allen Artgenossen zugetan sind. Zwar haben sie sich vom Wolf wegentwickelt und dulden, anders als der Wolf, fremde Artgenossen in ihrem Umfeld oder ertragen eine Begegnung. Es kann aber durchaus sein, dass ein Hund anderen Artgenossen bei Begegnungen mitteilen möchte, sie sollen Abstand halten oder sich sozial kompatibel, ruhig und körpersprachlich klar annähern. Das gelingt allerdings meist nicht, weil Hunde in der Regel von Menschen dazu gezwungen werden, sich „unhündisch“ zu verhalten: Sei es, dass sie mit der Leine auf andere Hunde zugeführt werden oder, ohne Leine, aber dann mit dem „unsichtbaren“ Zwang, nah beim Besitzer zu sein und sich so zu schnell und zu nah anderen Hunden anzunähern. Kurz gesagt, das, was wir von Hunden verlangen – auf jeden Fremden zugehen, in seiner Nähe zu verweilen etc. – ist für viele Hunde schlicht unange-

nehm. Und darum versuchen sie, diese Art der Begegnung mit Artgenossen zu vermeiden. Einige wählen dabei die Strategie, zu bellen etc.

Das Ziel eines solchen Hundes bei einer Hundebegegnung ist dann ganz klar: Er möchte diese Begegnung nicht. Er möchte weitergehen, die Situation umgehen. Oder er möchte den anderen verscheuchen. Für den Hund ist also das Ziel attraktiv, den anderen Hund durch Bellen auf Abstand zu halten, für den Besitzer das Vorbeigehen ohne Bellen.

Unterschiedliche Ziele bei Begegnungen

Es liegt also klar auf der Hand: Die Ziele von Mensch und Vierbeiner bei einer Hundebegegnung unterscheiden sich meist deutlich. Der Mensch möchte, dass sein Hund „funktioniert", dass er sich so verhält, wie es vermeintlicher äußerer Druck, aber auch ein innerer Drang der Anpassung von ihm verlangen.

Und der Hund möchte nicht „funktionieren". Seine Priorität ist eigentlich nur, eine Hundebegegnung mit einem fremden Hund schadlos zu überstehen. Bei bekannten Hunden sieht das natürlich anders aus. Da kann dann auch Aufregung und Freude im Spiel sein.

Fakt ist aber, dass sich die Ziele von Mensch und Hund in den meisten Fällen deutlich unterscheiden. Hier ist es ganz klar am Menschen, diesen Umstand bei der Problemlösung zu berücksichtigen. Weil er, bei aller Liebe und allem Respekt zum Hund, das Lebewesen sein sollte, welches aufgrund seiner kognitiven Fähigkeiten kreative Lösungen für das Dilemma der unterschiedlichen Bedürfnisse zweier Arten anbieten sollte.

Lassen Sie mich dazu an dieser Stelle einen Merksatz anfügen, der unbedingt bei der Problemlösung und der Definition von Zielen, die für beide Arten akzeptabel sind, berücksichtigt werden muss:

„Der Hundehalter hat dafür zu sorgen, dass sein Hund keine anderen Lebewesen belästigt oder gefährdet."

Dieser Satz ist rechtlich relevant in Bezug auf Hunde in der Öffentlichkeit. Gefährdung und Belästigung von Menschen und Tieren müssen unterbunden werden. Das heißt im Umkehrschluss aber nicht, dass der Hund wie ein Roboter funktionieren muss.

Als Mensch kann man allerdings auch darauf beharren, dass man sein Ziel in den Vordergrund stellt. Der Hund soll bei einer Hundebegegnung ruhig sein. Sicher ein Ziel, welches in vielen Fällen mit intensivem, auf angenehmen Konsequenzen beruhendem Training erreicht werden kann. Auf keinen Fall darf man ein Training auf Strafe und Zwang aufbauen. Dadurch wird die Situation, die sowieso schon für den Hund unangenehm ist, noch unangenehmer. Frustration und weitere unangenehme Gefühle sind genau das, was ein verantwortungsvoller Hundehalter aber von seinem Hund fernhalten sollte. Also, gutes Training kann helfen.

Eine weitere Möglichkeit ist aber, dass man, wie oben angesprochen, die Ziele überdenkt und möglicherweise

Nicht grundsätzlich alles akzeptieren ...

Ich möchte auf keinen Fall missverstanden werden: Keinesfalls meine ich, dass niemand mehr seinen Hund trainieren, sondern unerwünschtes Verhalten des Vierbeiners nur noch akzeptieren soll. Sind die Prämissen erfüllt, dass durch das Hundeverhalten kein anderes Lebewesen belästigt oder gefährdet wird und die Bedürfnisse des Hundes berücksichtig sind, ist es aber legitim zu wählen: Training oder Akzeptanz. Dass der Hundehalter dafür zu sorgen hat, dass der Hund wie ein Roboter funktioniert, ist ein Märchen.

soweit ändert, dass man ganz einfach folgendes lernt: Den Hund zu respektieren und sein Verhalten einfach zu akzeptieren. Darum gehen wir jetzt einmal davon aus, dass das ursprüngliche Ziel, der Hund soll „funktionieren" und nicht bellen sowie an der Leine ziehen, überdacht wurde. Und der Hundehalter zu dem Schluss kommt, dass er damit leben möchte. Er hat verstanden, dass das Verhalten seinem Hund nicht schadet, es nicht unnatürlich ist und dem Wohlbefinden des Hundes nicht schadet. Der Halter möchte das Verhalten akzeptieren und damit umgehen lernen. Dieser Hundehalter möchte nicht weiter am Hundeverhalten arbeiten, sondern nur noch an sich selbst. Wäre dem nicht so, müsste er die eigenen Ziele überdenken und neu definieren.

Neues Ziel

In unserem Fall gehen wir also davon aus, dass der Hundehalter lernen möchte, das Hundeverhalten zu akzeptieren. Sein Hauptaugenmerk liegt nun darauf, dass er lernt, die vermeintliche Erwartungshaltung von außen ausblenden zu können und in der Hinsicht entspannt mit dem Hundeverhalten in den genannten Situationen umgehen zu können. Das ist ein angebrachtes Ziel. Damit kann der

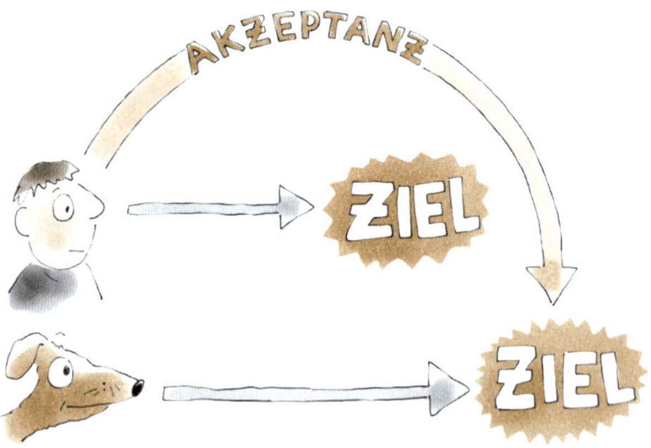

Hund sehr gut leben und es ist ein Ziel, dass der Hundehalter wirklich erreichen will.

2. Ist das Ziel erreichbar?

Da der Hundehalter für sich das neue Ziel formuliert hat, das Hundeverhalten „Bellen und an der Leine ziehen bei Hundebegegnungen" ab jetzt zu akzeptieren, konzentrieren wir uns von nun an auf den Menschen. Das neue Ziel, welches er verfolgen möchte, ist der Umgang mit den Umwelteinflüssen, die ihm die Akzeptanz des Hundeverhaltens erschweren.

Wir befinden uns immer noch in der Zielanalyse. Dem ein oder anderen mag die Analyse des Ziels recht lang erscheinen. Allerdings gebe ich hier zu bedenken, dass es sehr wichtig ist, dass ein Ziel und die Abwägung der Erreichbarkeit des Ziels schon „die halbe Miete" ist, um sich einer Problemlösung zu nähern. Darum ist eine frühe, durchdachte Zielsetzung wichtig für den gesamten weiteren Prozess. Darum ist auch die Frage nach der Erreichbarkeit des Zieles unabdingbar. Setzt man sich Ziele, an deren Erreichung man selbst nicht glaubt, wird man auch nicht intensiv daran arbeiten, es zu erreichen.

Zurück zum Beispielfall: Glaubt der Hundehalter daran, dass er in der Lage sein wird, das Hundeverhalten zu akzeptieren und auf den Druck von außen zu „pfeifen"? Weiß er, dass er beim Erreichen des Ziels ein entspanntes Leben mit höherer Qualität führen kann? Wenn ihm das alles bewusst ist, wird er die Zielerreichung schaffen: Innere Mauern und

Akzeptanz, ohne auf andere zu hören

Das Ziel der Akzeptanz kann nur erreicht werden, wenn man innere Hürden abbaut und lernt, sein Augenmerk nicht auf die Aussagen anderer zu legen.

Hürden sind abgebaut, die auf dem Weg zur Akzeptanz überwunden werden müssen, gepaart mit einem „Schutzschild“ gegen äußeren Druck.

Zwei unserer drei Fragen bei der Zielanalyse sind also abgehakt.

3. Ist das Ziel durch den Hundehalter initiierbar?

Die Frage danach, ob der Halter das Ziel der Akzeptanz des Hundeverhaltens in die Wege leiten kann, hängt davon ab, wie weit der Hundehalter innerlich bereit ist, das Wohlergehen des Hundes in den Vordergrund zu stellen. Da dies in den meisten Fällen von den Hundehaltern gewollt ist, sie nur durch die Flut der Hundeerziehungstipps und den dadurch entstehenden Druck verunsichert sind, ist das Ziel Akzeptanz sicher initiierbar. Wie es umgesetzt wird, dem werden wir uns bei der Lösungsentwicklung widmen.

4. Ist das Ziel konkret?

Wichtig für die spätere Lösungsentwicklung ist, dass das Ziel konkret ist. Der Hundehalter muss sich bei der Umsetzung einer möglichen Lösung auf sein klar definiertes Ziel konzentrieren. In unserem Fall beispielsweise darauf, selbstbewusst und ohne Rechtfertigungen an Menschen vorbeizugehen, auch wenn der eigene Hund sich ggf. auffällig verhält. Das Ziel ist hier, die Akzeptanz und der ruhige eigene Umgang mit der Situation. Kein Hundetraining an dieser Stelle.

5. Ist das Ziel positiv definiert?

Die abschließende Frage bei der Zielanalyse ist die nach der positiven Definition. Ist das Ziel positiv für den Hundehalter, wird es ihm gute Gefühle bescheren?

Das Ziel muss für den Hundehalter eine Verbesserung der Lebensqualität darstellen. Wenn er lernt, bzw. sich bewusst macht, dass es Umstände gibt, die nicht zu ändern sind oder die im Interesse des Hundes nicht geändert werden müssen, sollte sich seine Gedankenwelt eben

nicht mehr ständig darum drehen, wie das Verhalten geändert werden kann.

In unserem Beispielfall sollte ein positiv definiertes Ziel so aussehen: Der Hundehalter ist nicht gestresst, wenn sein Hund bei Hundebegegnungen das bisher unerwünschte Verhalten zeigt, und überlegt nicht, was andere dabei denken oder über ihn sagen. Er ist und bleibt in solchen Situationen entspannt und akzeptiert diese Situationen mit einem guten Gefühl. Das ist unser Ziel – das eindeutig positiv definiert ist, da ein gutes Gefühl als Ziel immer positiv ist.

Gefürchtete Situation mit gutem Gefühl abschließen

Das Ziel muss so definiert sein, dass man früher gefürchtete Situationen mit einem guten Gefühl bewältigt und so seine Lebensqualität verbessert.

Problemanalyse

Erst nachdem das Ziel definiert ist, sollte man sich damit beschäftigen, das Problem zu analysieren.

In unserem Fall geht es um problematische Situationen, die wir analysieren müssen, sowie um die Konsequenzen aus diesen Situationen und wie sie uns gedanklich beschäftigen.
Die Problemanalyse umfasst folgende Punkte:

1. **Welche Problemsituation liegt vor?**
2. **Wie lauten mögliche Konsequenzen?**
3. **Welche Gedanken habe ich dabei?**

Bei der Problemanalyse lege ich wieder den bereits aus der Zielanalyse bekannten Beispielfall zugrunde.

Wir wollen in unserem Beispiel aufgrund verschiedener, vorher beschriebener Umstände nicht das Hundeverhalten trainieren, sondern lernen, es zu akzeptieren.

1. Welche Problemsituation liegt vor?

Die Problemsituation stellt sich folgendermaßen dar: Der Hund bellt und zieht an der Leine, wenn ihm ein anderer Vierbeiner entgegenkommt. Um in unserem konstruierten Fall konkret zu bleiben nehmen wir an, dass der Hundehalter in der Lage ist, den Hund zu halten, der Hund am Geschirr geführt wird und somit beim Ziehen nicht gewürgt wird. Der Hund beruhigt sich nach dem Passieren der fremden Artgenossen immer recht schnell. Die ganze unerwünschte Situation dauert im Allgemeinen einige Sekunden bei ca. fünf bis sechs Hundebegegnungen am Tag. Insgesamt also vielleicht drei bis vier Minuten pro Tag, die für den Halter als unangenehm empfunden werden. Der fremde Vierbeiner ist bei den Begegnungen ebenfalls angeleint.

2. Wie lauten mögliche Konsequenzen?

Unser Leben wird von Konsequenzen geprägt, die unser Handeln bestimmen und von uns unbeeinflussbare Vorgänge nach sich ziehen.

Welche Konsequenzen kann für den Menschen der bellende Hund letztendlich haben? Listen wir mal einige, mögliche Konsequenzen auf:

- Der andere Hund bellt zurück.
- Der Besitzer des anderen Hundes macht eine unfreundliche Geste oder Bemerkung.
- Andere Passanten machen eine unfreundliche Geste oder Bemerkung.

Mehr kann im Grunde nicht passieren, denn beide Hunde sind angeleint und das Ziehen des Hundes aus dem Beispiel ist so moderat, dass er trotzdem vom Halter gut gehalten werden kann.

Was ist das Problem und wie lange dauert es?

Um die Problemsituation zu analysieren, muss man sich klar vor Augen führen, was man als problematisch ansieht, und wie lange diese Situationen täglich dauern.

3. Welche Gedanken habe ich dabei?

Es gibt viele Tierarten auf der Welt, die als sozial bezeichnet werden können. Das Soziale ist eine Eigenschaft, die die Arten miteinander teilen. Allerdings ist die soziale Grundstruktur bei den Arten oft unterschiedlich.

So ist das soziale Grundgefüge bei Wölfen, wie vorher beschrieben, eher auf relativ kurzfristige Gruppenverbände mit ausschließlich eng verwandten Individuen ausgelegt. Bei vielen Primaten bestehen Sozialgefüge aus dauerhaft angelegten Gruppen, denen auch nicht miteinander verwandte Individuen angehören. Zu den Primanten mit dauerhafter Gruppenbildung gehört auch der Mensch. Für Menschen ist es also sehr wichtig, sich in einer Gruppe „einzurichten", sich dort zurechtzufinden, weil man dauerhaft in der Gruppe verweilen möchte. Darum ist eines unserer sozialen Grundverhalten das, innerhalb einer Gruppe nicht auffallen zu wollen – damit wir nicht ausgeschlossen werden. Dass wir zeitgleich oft auch durch Kleidung etc. gezielt auffallen wollen, scheint paradox, gehört aber grundsätzlich zum menschlichen Wesen. Das hat wohl damit zu tun, dass letztlich zwar eine gewisse Harmonie und Angepasstheit menschliche Gruppen zusammenhält, aber ohne individuelle „Auffälligkeiten" der Sozialverband zu starr und statisch wäre, er sich veränderten Bedingungen nicht anpassen könnte. Und dadurch in seiner Existenz bedroht wäre …

Der Teil des paradoxen menschlichen Sozialverhaltens, eben nicht auffallen zu wollen, begleitet uns heute wie früher. Was Auffallen bedeutet, gibt zu einem guten Teil die jeweilige Gesellschaft und Kultur vor – dies kann kulturell stark variieren. Das kann Kleidung, aber auch Verhalten sein. So fällt auf Hawaii niemand mit einem bunten Blumenhemd auf, in Deutschland zeugt ein solches Kleidungsstück allerdings von starkem Individualismus und ist auffällig. Oder ein anderes Beispiel: Bei Japanern wird beim Essen geschmatzt. Niemand fällt damit auf. Anders verhält es sich für den Japaner, der schmatzend in einem europäischen Lokal sitzt …

Auffallen oder nicht hängt also von der jeweiligen Gesellschaft ab. Derjenige, der auffällt, muss nicht zwingend eine Gefahr für die Gesellschaft sein. Im Gegenteil, wie vorher bemerkt: Wer auffällt, schafft Dynamik, die paradoxerweise genauso gebraucht wird wie Angepasstheit.

Unsere Gesellschaft gibt uns mehr und mehr den roboterartig funktionierenden Hund vor. „Funktioniert" der Hund nicht nach Vorgabe, fällt man auf. Die Gedanken, die daraufhin kommen, drehen sich bei vielen Hundehaltern dann darum, welche Wirkung das Auffallen wegen des auffälligen Hundes für einen selbst hat.

Die Angst davor, dass andere schlecht über einen denken könnten, führt zu schlechten Gefühlen, die die Lebensqualität mindern.

Der Mensch möchte nicht auffallen
Weil der Mensch innerhalb einer sozialen Gruppe nicht negativ auffallen möchte, belastet ihn das auffällige Verhalten seines Hundes. Selbst dann, wenn sich mögliche Konsequenzen aus dem Hundeverhalten nur in dessen Gedankenwelt abspielt.

Lösungsentwicklung

„Alles schon probiert"?! Wenn etwa ein Training des Hundes nicht der richtige Weg ist, sein unerwünschtes Verhalten zu ändern, bleibt eigentlich nur eines ...

Dem Problem, dass sich der Mensch schlecht fühlt, weil der Hund in gewissen Situationen „auffällig" ist, kann man auf verschiedene Arten und Weisen begegnen. Meist wird mit Trainings und Therapien versucht, das Hundeverhalten zu ändern. Weil es aber Fälle gibt, wo erfolglos schon „alles probiert" wurde, oder aus anderen Gründen ein Training des Hundes nicht der richtige Weg ist, wollen wir uns hier mit den Lösungen beschäftigen, die sich eher im mentalen menschlichen Bereich finden lassen.

Um dem vermeintlichen Hundeproblem und der mutmaßlich belastenden Auffälligkeit auf mentaler Ebene zu begegnen, muss der Hundehalter lernen, umzudenken – in Bezug auf den Hund, dessen Psyche, sein Verhalten und seine Bedürfnisse. Dass es in diesem Zusammenhang viele Punkte gibt, die man dann völlig anders betrachten muss, als es die Gesellschaft im Allgemeinen macht, wurde im ersten Teil des Buches ausführlich beschrieben. Ein solcher Blickwinkel auf Hunde ist vermutlich für viele Halter ein völlig anderer, als der bisher gewohnte. Dieser veränderte Blickwinkel ist, sofern man ihn verinnerlicht hat, der erste Schritt des Umdenkens. Wenn man das Umdenken gelernt hat, wird man leichter entspannen können und sich am Ende damit abfinden, statt bis in alle Ewigkeit über das Hundeverhalten und seine Außenwirkung nachzudenken. Oder bis in eben die gleiche Ewigkeit zu trainieren und zu trainieren – bis alles probiert ist. Man lernt beim Umdenken, nach dem

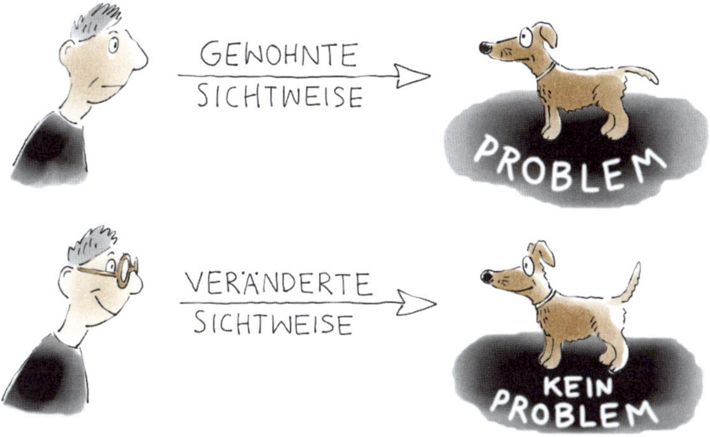

Entspannen, im letzten Schritt, das Hundeverhalten so zu managen, dass man mit hoher Lebensqualität damit umgehen kann.

Umdenken erforderlich

Umdenken, einen anderen Blickwinkel auf Sachverhalte zu bekommen, ist ein wichtiger Schritt dabei, Sachverhalte neu zu beurteilen. Und anders mit ihnen umzugehen. Um umdenken zu können, muss man aber an erster Stelle auch das überdenken, was man bislang als „Wissen" oder als „Wahrheit" angesehen hat.

Im Kapitel „Perspektivenwechsel" (siehe Seite 52) habe ich einige Beispiel genannt, die deutlich zeigen, wie ein erweitertes Wissen vermeintliche Wahrheiten beeinflussen kann und neue Blickwinkel eröffnet, etwa: Ein pubertierender Hund, der bereits gelerntes Verhalten plötzlich nicht mehr auf Signal zeigt, will nicht zwangsläufig irgendwelche Grenzen austesten. Nein, er hat Gelerntes meist durch den pubertären Gehirnumbau schlicht vergessen – bzw. im Umbauprozess so „vergraben", dass er im Moment nicht auf das Wissen zugreifen kann. Mit diesem Wissen ausgestattet, hat der Hundebesitzer ganz andere Möglichkeiten, seinen Blick auf einen vermeintlich „sturen“ und pubertierenden Hund anzupassen. Ihn nicht zu „maßregeln“, wenn er Gelerntes nicht abrufen kann, sondern mit Gelassenheit zu reagieren.

Oder der Blickwinkel auf das Spielverhalten. Sie erinnern sich (siehe Seite 54)? Spielverhalten heißt nicht automatisch, dass ein Hund sich gut fühlt und Spaß haben möchte, wenn er es zeigt. Es wird auch oft in sozialen Stresssituationen gezeigt, in denen der Hund nicht genau weiß, wie er sich verhalten soll. Spielverhalten wirkt im sozialen Kontext beschwichtigend und deeskalierend. Sind einem die Facetten des Spielverhaltens aber bewusst, können Situationen mit vermeintlich spielendenden Hunden ganz anders beurteilen werden. Wenn wir dann ggf. mal ein Spiel unter Hunden nicht zulassen, brauchen wir uns gedanklich nicht damit zu belasten, dass wir unserem Hund kein Spiel gönnen. Im Gegenteil, wenn wir weitergehen und die Hunde nicht „spielen“ lassen, tun wir unserem Hund den größeren Gefallen, weil wir ihn aus der Stresssituation herausnehmen. Was allerdings nicht heißen soll, dass Hunde nie spielen und man sie nie spielen lassen sollte. Man muss nur wissen, dass es oft anders ist, als man es aus dem engen, bisherigen Blickwinkel kannte.

Umdenken – weg von starren „Wahrheiten“, hin zu Blickwinkeln aus mehreren unterschiedlichen Richtungen – kann der Anfang der eigenen Entspannung sein.

Entspannen durch Umdenken

Wenn wir unser Wissen erweitern und anfangen umzudenken, können wir soziale und mentale Belastungen aus einem anderen Blickwinkel betrachten und anfangen zu entspannen.

Wenn ich umgedacht habe und weiß, dass der pubertierende Hund nicht meine Grenzen austesten möchte und mein Hund nicht auf „Teufel komm raus" spielen muss, kann ich entspannen. Und schmunzeln, wenn mir Passanten, Freunde, Bekannte und vermeintliche Experten irgendetwas von Welpen erzählen, die Grenzen einreißen und die Welt erobern wollen.

Wenn uns also einseitiges, teilweise falsches „Knowhow" schlechte Gefühle hervorruft, ist es wichtig und an der Zeit, das Wissen zu erweitern oder zu erneuern. „Aber ich weiß doch nicht, was richtig oder falsch ist.", wird jetzt sicher mancher Leser denken. Das stimmt, man kann nicht in allem bewandert sein, und bei der Informationsflut, mit der man heute konfrontiert wird, wird es nicht leichter, wahre Sachverhalte zu erkennen. Man kann sich immer eine gewisse Skepsis bewahren, Dinge hinterfragen und unterschiedlichste Quellen bei der Klärung von Fragestellungen heranziehen. Zudem Plausibilitäten bemühen und den gesunden Menschenverstand. Damit sind gute Grundlagen für mehr Weitsicht und unser beabsichtigtes Umdenken gelegt. Wenn Umdenken notwendig ist, um die Lebensqualität zu verbessern – in unserem Fall selbstverständlich von Mensch und Hund.

Entspannung statt Anspannung

Das Umdenken beginnt immer im Kopf – mit dem wir unserem Primatenerbe, immer sozial gefallen zu wollen, entgegenwirken können, weil uns dieses „anderen gefallen wollen" oft belastet. Und dies ist in vielen Fällen der Grund für eine Vielzahl unserer Probleme. Mit bewusster Entspannung gelingt Ihnen ein gelassenerer Umgang mit dem oft problematischen „Kopfkino".

Das Krux mit der Anspannung

Das Gefühl der psychischen Anspannung gehört zum Leben dazu. Es ist eine normale Reaktion auf potenzielle Gefahrensituationen. Problematisch wird es dann, wenn der Anspannungszustand dauerhaft anhält oder zu häufig vorkommt.

Unter Umständen reagieren wir mit Anspannung auf Situationen, die uns von außen vorgegeben werden, sie kann aber auch einfach „hausgemacht" sein.

Anspannung von außen

Anspannung und Entspannung hängen in der Regel von äußeren Reizen ab. Reize, die unser Gehirn aus Erfahrung oder angeborener Disposition als Gefahr interpretiert, führen zu einer Anspannung. Einer Anspannung, die uns darauf vorbereitet, auf die vermeintliche Gefahr reagieren zu können: Zu kämpfen oder auch zu fliehen. Anspannung versetzt uns in die Lage, kurzfristig sehr hohe Leistungen von unserem Körper zu verlangen. Aber – kurzfristig ist hierbei das entscheidende Wort. Eine Anspannung, die zu lange anhält oder gar dauerhaft bzw. chronisch ist, schadet unserem Körper, der natürlich auch seine Erholungsphasen braucht. Leiden wir unter Daueranspannung, sprich, der Körper kann sich nicht erholen, dann wird er irgendwann die Notbremse ziehen. Diese Notbremse zeichnet sich im Allgemeinen dadurch aus, dass man antriebslos wird, sich mehr schont. Eigentlich eine vernünftige Einrichtung der Natur, um den Körper vor Überlastung zu schützen. Der Nachteil ist aber, dass man, um sich gut zu fühlen, auch eine gewisse Bewegung benötigt. Wird man komplett wegen zu hoher Anspannung ausgebremst, kann ein Kreislauf aus Bewegungsmangel und schlechten Gefühlen entstehen, die unser Empfinden in dieser Spirale immer weiter hinunterziehen.

Darum ist es wichtig, immer für genügend Entspannung zu sorgen.

Anspannung durch Gedanken

Wie vorher beschrieben, folgt Anspannung normalerweise auf einen äußeren Reiz, auf eine mögliche Gefahr von außen. Allerdings ist der Mensch in der Lage, Anspannung auch rein gedanklich auszulösen – also von innen. Etwa, wenn man immer darüber nachdenkt, wie man auf andere wirkt, was andere über einen denken etc. Oder wenn man aufgrund von Fehlinformationen falsches Wissen über Hunde hat und man darum glaubt, man müsse den Hund so oder so erziehen, weil sonst etwas Furchtbares passiert, der Hund unglücklich, krank oder gefährlich wird. Es entsteht eine Angst vor etwas, das gar nicht stimmt bzw. vor einer Situation, die nie eintreten muss. Gefördert wird dieses Spiel mit der Angst auch oft durch Hundetrainer oder andere „Experten", die dadurch Methoden oder Handlungsweisen in populistischer Manier rechtfertigen wollen. Dieses „wenn man kein Rudelführer ist, wird der Hund bissig", ist eine typische mentale Belastung, die man in Gedanken kreiert und/oder von populistischen Hundeexperten eingetrichtert bekommt. Und Anspannungen zur Folge haben. Anspannungen, die körperlich und daraus folgend auch mental belastend sind.

Gelassenheit durch Entspannung

Ich habe in diesem Buch ausführlich geschildert, was Hunde eigentlich ausmacht. Sie haben viel Wissen mit auf den Weg bekommen, welches Ihnen hilft, in diversen Situationen umdenken zu können, den Blickwinkel zu ändern. Mit diesem Wissen und dem veränderten Blickwinkel sollten Sie in der Lage sein, viele unangenehme, anspannende Gedanken zu hinterfragen und dadurch entspannter damit umzugehen.

Im Folgenden stelle ich Ihnen Entspannungsübungen vor, die gut in den Alltag zu integrieren sind und Ihnen zusätzlich dabei helfen, entspannter zu werden. Sollte Ihnen die Umsetzung anfangs schwerfallen, bleiben Sie geduldig. Die Entspannungstechniken funktionieren in den seltensten Fällen auf Knopfdruck – es braucht ein wenig Übung.

Generelle Entspannung

Eine geänderte Einstellung (siehe Seite 80) beugt definitiv einer körperlichen und mentalen Dauerbelastung vor und ist somit ein wichtiger Baustein bei der Entspannung. Regelmäßig angewandte Entspannungsübungen wie eine „Progressive Muskelentspannung“ (siehe Kasten), regelmäßige Massagen, Positivlisten usw. können

Progressive Muskelentspannung
Hierbei handelt es sich um eine sehr weit verbreitete Entspannungsmethode, welche vom amerikanischen Mediziner und Physiologen Edmund Jacobsen entwickelt wurde. Es geht dabei darum, die Muskelanspannung gezielt zu verringern. Grob gesagt werden die einzelnen Muskeln, bzw. Muskelgruppen im Körper nacheinander gezielt kurz angespannt und danach bewusst und willentlich wieder entspannt. Langfristig eingesetzt führt das Verfahren zu einer stabilen Gelassenheit, die auch in Stresssituationen anhält. Für eine optimale Wirkung der Progressiven Muskelentspannung sollte das Verfahren täglich angewandt werden. Es gibt dazu zahlreiche Literatur und auch CDs, die Ihnen gezielte Anleitungen der täglichen Übungen liefern.

weitere Hilfsmittel sein, die uns generell gelassener und stressresistenter werden lassen und so den unangenehmen Gedanken entgegenwirken.

Schnelle, situative Entspannung

Neben der dauerhaft angelegten Entspannung gibt es allerdings auch diverse Techniken, die über kurze Momente der Anspannung hinweghelfen.

Meist dauern unangenehme Situationen mit dem Hund nicht sehr lang, wie etwa die im Kapitel „Welche Problemsituation liegt vor?“ (siehe Seite 76) genannten kurzen Anspannungssituationen, die über den Tag nicht mehr als vier oder fünf Minuten dauern. Um in diesen Situationen schnell zu entspannen, kann man die im Folgenden vorgestellten Techniken anwenden:

1. Schnellentspannung

Die Schnellentspannung, auch als „Christiaan Barnard Schnellentspannung“ bekannt (weil sie dem bekannten Herzchirurgen zugeschrieben wird), durchbricht negative Denkmuster. Hierdurch sorgt sie schnell für eine Entspannung. So wenden Sie sie an:

- Beim Aufkommen von negativen Gedanken sagen Sie sich innerlich klar und deutlich „Halt!“.

- Danach atmen Sie langsam ein und wieder aus, die Schultern lassen Sie fallen und entspannen die Hände. Wenn Sie mit einer Hand Ihren Hund an der Leine halten müssen, reicht es gezwungenermaßen aus, die Schultern fallen zu lassen.
- Danach atmen Sie bewusst noch einige Male ein und aus, bevor Sie die Übung beenden. Beim Ausatmen sollten die Zähne locker aufeinanderliegen.

2. Positiver Blick in die Zukunft

Sie befinden sich akut in einer Situation, die Stress auslöst bzw. kurzfristig belastet. Stellen Sie sich vor, welche angenehmen Dinge Sie im weiteren Tagesverlauf erwarten, wenn die kurze, belastende Situation geschafft ist.

Stellen Sie sich vor, wie Sie am Abend Ihren Hund knuddeln, stellen Sie sich Ihr Abendessen oder ein angenehmes Gespräch mit Ihrem Partner vor, den geplanten Ausflug etc. Denken Sie einfach über die Situation hinaus und konzentrieren sich in eben dieser Situation auf kalkulierte, später folgende und angenehme Ereignisse. Das Hormon Dopamin, welches am Gefühl der Vorfreude beteiligt ist, wirkt auch entspannend. Wenn Sie dieses gedanklich „abrufen“ und den Körper zu einer Dopaminproduktion anregen können, wirkt dies der Anspannung entgegen.

3. Selbstbewusstsein stärken

Wenn Sie im Vorfeld der Stresssituationen regelmäßig durch Progressive Muskelentspannung eine insgesamt größere Gelassenheit erreicht haben, sollte Sie dem noch Gedanken hinzufügen, die das Selbstbewusstsein stärken. Zum Beispiel, dass Sie sich sagen und auch selbst beweisen, dass Sie in der Lage sind, Ihren Hund zu halten, bzw. dass es nicht schlimm ist, wenn Ihr Hund bellt (siehe Seite 67). Allein das Vertrauen in sich selbst, die Situation bewältigen zu können, entspannt und belastet somit weniger.

4. Vergleichsdimensionen wechseln

Begegnen Sie einem Mensch-Hund-Team, bei dem der fremde Vierbeiner so „funktioniert“, wie es scheinbar gewünscht wird, Sie in dem Moment aber das Gefühl haben, Ihr Hund erfüllt diese Ansprüche vielleicht nicht (möglicherweise aus den vorher genannten Gründen), vergleichen Sie nicht das augenscheinliche Verhalten (anderer Hund ruhiger, entspannter als meiner). Schauen Sie vielmehr auf andere Facetten Ihres Hundes – oder auch auf Ihre eigenen. Sie könnten sich in dem Fall sagen:

„Der andere Hund mag vielleicht andere Vierbeiner und ist ruhig bei Begegnungen, dafür liebt es meiner, mit mir zu kuscheln und hilft mir damit, mich gut zu fühlen.“ Oder: „Der andere kommt vielleicht mit Hunden klar, aber meiner liebt Kinder mehr als alles andere.“ Oder: „Der andere Mensch investiert offensichtlich viel

Zeit in Hundeerziehung. Ich möchte die Zeit mit meinem Hund einfach nur genießen und bringe dafür mehr Energie in soziale Projekte ein." Oder: „..."

Niemand, weder Mensch noch Hund, kann oder muss perfekt sein. Man sollte sich nicht schlecht fühlen, weil mal etwas nicht so gelingt, wie es andere gerne hätten. Und sich mit dem Wechsel der Vergleichsdimensionen die eigenen Stärken vor Augen führen und nicht mögliche Stärken anderer überbewerten und sich dadurch klein, schlecht fühlen.

Natürlich alles immer unter Berücksichtigung unseres Leitsatzes: „Der Hundehalter hat dafür zu sorgen, dass sein Hund keine anderen Lebewesen belästigt oder gefährdet."

Entspannung lernen
Wenn man gelernt hat, seinen Blickwinkel anzupassen, ist die Entspannung der nächste Schritt auf dem Weg der Lösungsentwicklung. Diverse Techniken können dabei helfen, sich langfristig, aber auch situativ und schnell zu entspannen.

Pragmatisches Management

Im vorangegangenen Kapitel wurde davon gesprochen, dass die Stärkung des Selbstbewusstseins dazu beiträgt, sich zu entspannen. Managen problematischer Sachverhalte und Situationen hilft bei eben dieser Stärkung des Selbstvertrauens. Und ist zugleich der letzte Schritt auf dem Weg der hier von uns angedachten Problemlösung.

Managen ist einfacher als man glaubt – wichtig ist für die im Buch dargelegte Problematik, dass man die bisher angesprochenen Punkte berücksichtigt: Sich mithilfe der aufgezeigten Entspannungstechniken entspannt, Gerede

und unnötige, äußere Einflüsse ausblendet. Und natürlich das erworbene Wissen rund um Hunde und ihr Wohlbefinden klar vor gesellschaftliche Konventionen stellt. Darüber hinaus, hier bewusst erneut wiederholt: Die Sache mit dem niemanden belästigen oder gefährden …

Sie können Ihren Hund und sein Verhalten also entspannt managen, wie ich in den folgenden Beispielen zeige, ohne sich in zu vielen Gedanken und Selbstzweifeln zu verlieren. Und auch nicht in Zweifeln an Ihrem Vierbeiner.

Beispiele aus der Praxis

> Sie erinnern sich an das Fallbeispiel des bellenden Hundes aus der Zielanalyse (siehe Seite 67)? Hier eine pragmatische Lösung für die Problematik: Wenn Ihr

Hund keine Hundebegegnungen mag, gehen Sie diesen einfach aus dem Weg. Es ist keine Schande, die Straßenseite zu wechseln, einmal einen anderen Weg einzuschlagen oder im Bogen um fremde Hunde und deren Halter herumzugehen. Das ist sogar viel natürlicher, als frontal aufeinander zuzugehen. Selbstbestimmte Hunde gehen fremden Artgenossen fast immer aus dem Weg.

- Mag Ihr Hund keine Besucher, geht die Welt nicht unter und das gesellschaftliche Ansehen nimmt keinen Schaden, wenn er die Zeit, in der Ihr Besuch in der Wohnung ist, in einem anderen Raum verbringt. Zwar gibt es einige Hunde (nicht alle!), die dann in dem Raum einige Zeit bellen. Erfahrungsgemäß beruhigen sie sich aber recht schnell und entspannen im abgeteilten Bereich. Anstatt den total gestressten Hund 400-mal auf seine Decke zu schicken und ihn, den Gast und sich selbst in den Wahnsinn zu treiben, ist das eine gute Managementlösung. Sie entspannt ungemein – Hund, Hundehalter und Besuch.
- Springt Ihr Hund an Menschen hoch, halten Sie ihn beispielsweise bei einem kurzen Plausch mit dem Nachbarn einfach an der Leine und in passendem Abstand zum Nachbarn.

- Wenn der Hund sich über den Briefträger aufregt, könnten Sie vielleicht darüber nachdenken, den Postkasten vor dem Haus anzubringen – ggf. außer Sichtweite des Vierbeiners.

- Ärgert sich Ihr Hund nicht nur über den Postboten, sondern vielleicht über jeden, der vor dem Haus langgeht oder über Katzen, die vorm Haus herschleichen etc., wäre eine Möglichkeit, ihm die Sicht zu nehmen: Beispielsweise durch angebrachte Milchglasfolien an Glasflächen der Haustüre oder Sie lassen ihn einfach nicht in den Flurbereich. Wenn möglich, können Sie Ihrem Vierbeiner aber zeitweise (!) erlauben, allein (!) im Garten zu sein oder aus einem Fenster, einer Gartentür etc. zu schauen und die Außenwelt zu beobachten – wenn die Aussicht aber insgesamt ruhiger ist. Und keine, aus Hundesicht „Störenfriede“ (wie der Briefträger) ständig versuchen, ins Haus „einzubrechen“ …
- Wohnen Sie in einem Mehrfamilienhaus und Ihr Hund regt sich über jeden Menschen im Treppenhaus auf, ist er vielleicht nicht gut im Wohnungsflur aufgehoben, v.a. speziell nicht direkt an der Wohnungstür.

Richten Sie ihm in einem anderen Raum seinen Dauerplatz ein, um ihm den direkten Aufreger „Wohnungstür" zu verweigern. Falls es räumlich nicht anders geht, da Sie die Türen zum Wohnungsflur nicht schließen können, richten Sie etwa mit Kindergittern etc. entsprechende „Schleusen" ein. Seien Sie kreativ, denken Sie nicht daran, was andere davon denken. Nehmen Sie sich und Ihrem Hund die Stressoren und achten Sie darauf, dass es Ihnen und Ihrem Hund gut geht.

Und bei Ihnen?

Fallen Ihnen noch weitere Verhaltensweisen Ihres Hundes und Situationen mit ihm ein, für die Sie einfache Managementlösungen suchen? Finden Sie für sich noch einige Beispiele:

Situationen akzeptieren lernen

(Gastbeitrag Psychologin (M.Sc.) Stephanie Kästner)

Losgelöst von der eigentlichen Thematik des Buches möchte ich Ihnen an dieser Stelle das Thema „Akzeptanz lernen" mit einem Gastbeitrag näherbringen.
Die Dipl.-Psychologin Stephanie Kästner hat sich dazu Gedanken gemacht.

„Tyrannei der Wahl" kompliziert unser Leben

Menschen treffen jeden Tag Entscheidungen. Bei der Fülle der heutigen Auswahl ist dies nicht immer ganz leicht geworden. Es wirkt zunächst wie eine große Freiheit, macht jedoch die meisten Menschen unglücklich. „Tyrannei der Wahl" nennen Psychologen dieses Phänomen. In Folge dessen wünschen wir uns zunehmend mehr Wegweiser und Ratschläge von außen in diesem Chaos, anstatt unserem „Bauchgefühl" zu vertrauen. Unser emotionales Empfinden ist ein körpereigener Wegweiser in schwierigen Situationen. Auf den Bauch allein ist natürlich kein Verlass, denn er wird von Vorurteilen oder Ängsten beeinflusst. Der Verstand ist der rationale Teil unserer Entscheidungsfähigkeit. Er beinhaltet unsere Erfahrungen, Vorstellungen, Einstellungen und Meinungen über die Welt und ihrer Funktionsweise, die wir im Laufe unseres Lebens erlernt und gesammelt haben. Verstand und Gefühl nun in Einklang miteinander entscheiden lassen – dies ist das Geheimnis.

Doch wenn uns eine Situation begegnet, die nicht unseren Vorstellungen, Meinungen, Einstellungen oder Gefühlen

entspricht, wenn sich also Verstand und Gefühl widersprechen, sprechen Psychologen von Dissonanz. Es erzeugt in uns einen angespannten Zustand, der als unangenehm erlebt wird. Der Zustand der Dissonanz hat einen triebhaften Charakter, das heißt, er verlangt nach Veränderung, bis ein Zustand der Widerspruchsfreiheit erreicht ist.

Situationsveränderungen sind oft nicht möglich

Dabei die Situation zu verändern, ist in den meisten Fällen nicht möglich. Ich kann beispielsweise nicht verhindern, dass ich krank werde. Ich kann schlechte Erfahrungen und damit verknüpfte Erinnerungen nicht wieder löschen, sie sind in meinem Gedächtnis gespeichert. Genauso wenig kann ich den Charakter oder die Persönlichkeit eines anderen Menschen oder Hundes ändern. Ich muss also bei mir selbst anfangen und genau das fällt den meisten Menschen so schwer. Gewohntes und

Vertrautes möchten wir ungern aufgeben. Verständlich, da sie uns einen Rückzug in einer Welt bieten, in der wir jeden Tag Entscheidungen zu fällen haben, die Dissonanz implizieren, da jede Alternative Vor- und Nachteile hat. Wenn wir also die Situation nicht ändern können, müssen wir Bewältigungsstrategien entwickeln, um einen geeigneten und adäquaten Umgang zu finden.

Natürlich gibt es auch diejenigen unter uns, deren Strategie darin besteht, unangenehme Situationen einfach zu verlassen. Diese Vermeidungs- oder Ablehnungsstrategie ist eher maladaptiv, da sie einen passiven Charakter besitzt (wir setzen uns erst gar nicht mit dem Problem auseinander) und eine negative (ablehnende) Einstellung gegenüber der Situation bedeutet. Dennoch wird sie häufig angewendet, da es angenehmer und auch einfacher für uns ist, eigene Überzeugungen nicht ändern zu müssen, selbst wenn nicht immer alles für ihre Richtigkeit spricht. Für den Moment ist der unangenehme Spannungszustand auch weg, doch egal wo wir hingehen oder wie wir weiter handeln, die Probleme nehmen wir mit und letztlich fühlen wir uns erneut getrieben, etwas verändern zu müssen. So zählen beispielsweise Menschen dazu, die sich nach dem Tod ihres geliebten Vierbeiners sofort ein neues Tier anschaffen, um sich nicht mit dem Thema Sterben auseinandersetzen zu müssen. Aber auch Menschen, die unermüdlich versuchen, den Tod des treuen Wegbegleiters aufzuhalten, gehören in diese Kategorie.

Ein Teil der Menschen versucht unveränderliche Situationen zu tolerieren. Wir wissen gewissermaßen alle, dass zum Leben auch Krankheiten dazu gehören, dennoch sehen wir uns selbst und alle zu unserer Familie gehörigen Mitglieder stets gesund und können uns etwas anderes kaum vorstellen. Auch diese Art von Strategie ist eher maladaptiv, da wir weiterhin eine passive Rolle einnehmen, obwohl unsere Einstellung zu der Situation grundsätzlich positiv ist.

Schlüsselstrategie Akzeptanz

Die Schlüsselstrategie heißt letztendlich Akzeptanz. Es bedeutet, eine Situation oder ein Individuum so anzunehmen, wie es ist, obwohl es nicht unseren Vorstellungen, Überzeugungen oder Meinungen entspricht. Dahinter steckt also die freiwillige Entscheidung, sich dem Problem zu stellen und sich damit aktiv auseinanderzusetzen. Sogar auch, sich bewusst gegen die (erlernten) gesellschaftlichen Konventionen zu entscheiden. Somit impliziert Akzeptanz als allererstes eine aktive Einstel-

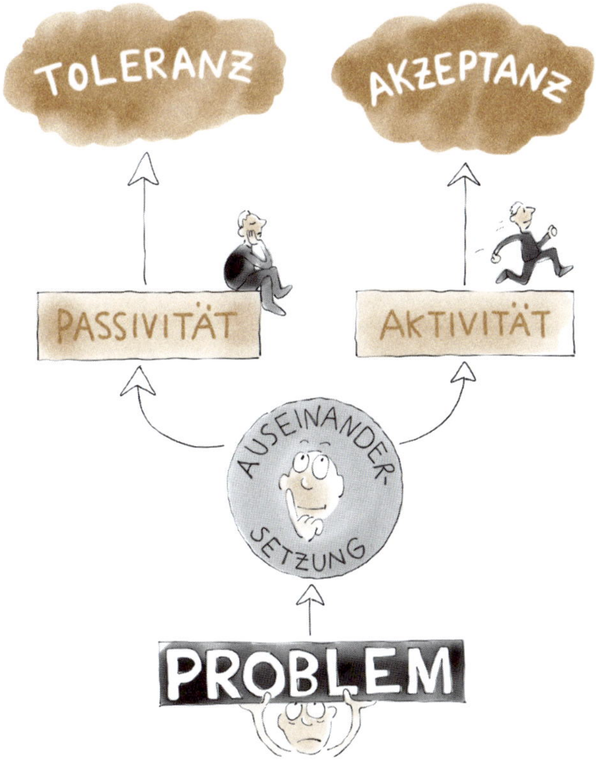

lungsveränderung, die entweder die negativen Aspekte relativiert oder die positiven Eigenschaften hervorhebt. Das kognitive Umdenken kann uns dabei helfen, neue Handlungsstrategien abzuleiten, wenn wir offen für neue Erfahrungen sind. Wenn wir Krankheiten beispielsweise nicht als Makel begreifen, sondern als eine Veränderung der körperlichen Konstitution, die dennoch ein wertvolles Leben möglich macht, fällt es uns leichter, damit umzugehen. Natürlich begegnen wir unerwünschten Situationen zunächst mit einer negativen Sichtweise. Das, was die Dissonanz ausgelöst hat, versperrt uns die Sicht auf die positiven Werte. Begegnen wir einem Hund, über den wir nur Negatives gehört haben (zum Beispiel reagiert aggressiv auf Männer, kennt keine Grundbefehle, zieht an der Leine usw.), suchen wir bereits unbewusst nach bestätigenden Hinweisen dafür. Folglich müssen wir aktiv daran arbeiten, neben den negativen Aspekten auch die positiven (verbliebenen) Merkmale einer Situation zu filtern. Außerdem ist es hilfreich, sich einmal die negativen Aspekte einer Situation genauer anzusehen, um deren Ausmaß neu zu beurteilen. Wir werten häufig das Unangenehme stärker ab, als es oftmals notwendig ist. So ist für uns ein nicht therapiefähiger Hund wegen einer traumatischen Erfahrung zunächst ein nicht händelbares Tier ohne Lebensqualität. Verändern wir unseren Blickwinkel und betrachten das Leben aus der Sicht des Hundes, können wir plötzlich erkennen, dass unter bestimmten Bedingungen (beispielsweise eine primäre Bezugsperson, keine weiteren Tiere, ruhige Umgebung usw.) genauso ein gutes und angenehmes Leben möglich sein kann. Wir müssen lediglich unsere Sichtweise auf das Problem verändern und es gewissermaßen als eine Herausforderung sehen. Und genau das macht den Unterschied zwischen Akzeptanz und bloßer Toleranz aus. Ich setzte mich eben nicht nur aktiv in meinen Gedanken mit der Situation auseinander, sondern ziehe für mich auch Konsequenzen, die ein aktives Handeln erfordert. Dadurch nimmt die Dissonanz ab und wir empfinden den unausweichlichen Zustand nicht mehr so unangenehm.

Konsequenzen der Akzeptanz tragen

Wenn wir uns nun dazu entschließen, eine Situation so anzunehmen, wie sie ist, kann das nur Bestand haben, wenn wir bereit sind, uns voll und ganz darauf einzulassen und dabei alle Konsequenzen zu tragen, die auf uns zukommen werden. Das bedeutet, dass eine veränderte Einstellung auch ein konsequentes Handeln nach sich zieht. Ansonsten ist unser Handeln letzten Endes ineffektiv und instabil. Es entzieht uns notwendige Energie, die uns dann fehlt, um es bis zum Schluss durchzuziehen. Diese Frustration löst noch mehr Dissonanz aus, als die Situation es anfänglich getan hat.

Der Aufwand eine Situation akzeptieren zu lernen, ist je nach Bedeutsamkeit der Situation und der eigenen Einstellung unterschiedlich groß. Eine Überzeugung ist tendenziell leichter zu ändern, wenn die persönliche Bedeutsamkeit nicht allzu groß ist, wenn es sich um eine subjektive Ansicht handelt und nicht mit gesellschaftlichen Sanktionen zu rechnen ist. Aber genau zuletzt genannter Punkt kann uns an unserem Vorhaben und der Richtigkeit unseres Handelns zweifeln lassen. Wenn wir im Grunde gegen den Strom schwimmen, handeln wir häufig gegen die gesellschaftlichen Normen, Werte und Erwartungen. Dadurch wird bei anderen das Bedürfnis ausgelöst, Ratschläge erteilen zu müssen, und bei uns das Bedürfnis, sich erklären zu müssen. Auch hier spielt die Akzeptanz eine herausragende Rolle. Ein wichtiger Punkt ist, zunächst zu versuchen, sich in die Rat gebende Person hineinzuversetzen und sich zu fragen, wie sie zu ihrer Meinung oder Überzeugung gelangt ist. Dass es eben nicht der Hund ist, der sich ändern muss, sondern der Mensch und seine Haltung und Sichtweise, ist für viele Menschen grundsätzlich unverständlich. Wir sind ein kontrollbedürftiges Wesen und geben ungern zu, dass wir es sind, die kontrolliert werden müssen. Wir sind von der Richtigkeit unserer Normen und Werte überzeugt und lassen wenig Spielraum für Veränderungen zu, da die Mehrheit ebenfalls diese Überzeugungen vertritt. Erst wenn die Masse lernt, was wir auf kleiner Ebene über artgerechte Hundeerziehung wissen, begegnen wir irgendwann keinem mehr, der uns weismachen möchte, was Hunde können sollten und was nicht. Solange haben wir nur die Möglichkeit, entweder mit Geduld Überzeugungsarbeit zu leisten oder aber mit Souveränität der Situation zu begegnen. Es ist natürlich schwer, ruhig und freundlich zu bleiben, vor allem in einer Gesellschaft wie der Heutigen, in der der Negativismus vorherrschend ist und häufig die Unzulänglichkeiten der anderen ein Ventil für die eigenen Fehler und Schwächen bieten. Genau das sich in solchen Situationen vor Augen zu führen, ist erst einmal eine wichtige Strategie, um damit umgehen zu können. Entscheidend ist auch, wie bedeutsam diese Art von Kritik für einen ist. Fühlen wir uns dadurch verunsichert und zweifeln an unserem Handeln, werden wir lediglich auf Fehler hinge-

Akzeptanz lernen heißt, die Konsequenzen zu kennen

Wir werden oft mit Situationen konfrontiert, die unveränderlich sind. Oder mit Situationen, die nur mit großem Aufwand zu ändern sind. Als Strategie ist dann in den meisten Fällen die Akzeptanz das Mittel der Wahl, um die Situation für uns erträglicher zu machen. Das kann allerdings nur gelingen, wenn wir uns der Konsequenzen unserer Akzeptanz bewusst sind und diese auch ertragen können.

wiesen, die wir selbst bereits bemerkt haben. Es sind Hinweise darauf, dass unsere Einstellungsänderung oder „Akzeptanzstrategie" ineffektiv und instabil ist. Sicher im Umgang mit Ratschlägen werden wir, wenn wir einen stabilen positiven Selbstwert aufgebaut haben, den wir besitzen, wenn all unsere Einstellungen, Meinungen und Überzeugungen mit uns konform gehen. Folglich ist die Basis im Umgang mit schwierigen Situationen und mit Kritik, mit mir (auch nach Änderungen meiner selbst) so gut wie möglich im Reinen zu sein, das heißt, mich selbst zu akzeptieren wie ich bin.

Rolfs Geschichte – Teil 3

Die Geschichte von Rolf und seinem Frauchen zeigt in meinen Augen sehr gut, dass man Mensch-Hund-Gespanne, Situationen, Hundeausbildung etc. immer vollkommen individuell für den Mensch und individuell für den Hund einschätzen und pragmatisch managen muss. Oft auch individuell für mehrere Familienmitglieder, mehrere Hunde. Ich habe inzwischen so viele Fälle rund um Hunde und Hundehalter betreuen dürfen, dass ich sehr genau weiß, wie unsinnig pauschale Methoden, Tipps und Sprüche rund um das Thema sind. Unsinnig und auch unseriös.

Ende gut – alles gut!

Das Problem zwischen Mensch und Hund war in Rolfs Fall relativ schnell individuell gelöst. Alles war und ist auch heute noch gut: Die beiden sind ein entspanntes Paar, wunderbar anzusehen. Allerdings verstehen das viele Außenstehende nicht. Die Hundehalterin wird bis heute immer wieder von Menschen angesprochen (egal, ob diese selbst einen Vierbeiner haben oder nicht), sie solle ihren Hund auf dem normalen Gassigang doch mal von der Leine lassen, das hätte alles etwas mit Autorität, Bindung und Führung zu tun. Nein, das hat etwas mit den ganz eigenen Persönlichkeiten und Geschichten der beiden zu tun, die für sich den besten Weg für ihr Zusammenleben gefunden haben.

Rolfs Frauchen hat aber gelernt, den scheinbaren Druck von außen an sich abprallen zu lassen. Sie kann trotzdem entspannt bleiben, hat ihre Selbstzweifel ausgeräumt und letztlich den Blick auf sich und ihren Hund geschärft. Sie hat den Weg beschritten und sagt heute selbst, dass es nicht immer einfach war, sie aber froh ist, sich dafür entschieden zu haben.

Ein Wort zum Schluss

Sie haben beim Lesen dieses Buches den Entschluss gefasst, eben doch noch nicht „alles probiert“ zu haben?

Das freut mich, denn es ist mir ein großes Anliegen, Ihnen mit diesem Buch genau dies aufzuzeigen: Es gibt einen anderen Weg, der mit dem schlichten „der Hund sollte aber, … er muss doch …“ nichts gemein hat.

Die von mir genannten Lösungsansätze fallen dabei eher in den Bereich der Humanpsychologie und haben weniger mit dem Hund zu tun. Nichtsdestotrotz gibt es aber auch Basics im Zusammenleben mit dem Hund, die wir als sein Mensch zu akzeptieren und zu beachten haben. Aber die wahre Herausforderung ist nicht der Hund – es ist der Umgang mit den vielen vermeintlich gut gemeinten Ratschlägen …

Einige wichtige „Stationen“ des Buches möchte ich hier nochmals hervorheben:

Wir haben in diesem Buch eine Reise zu verschiedenen Hunden der Welt gemacht, haben uns damit beschäftigt, was Hunde unter einem lebenswerten Leben verstehen und wie wir Menschen dies unserem vierbeinigen Partner ermöglichen können. In diesem Zusammenhang haben wir festgestellt, dass sich Hunde, wenn sie ihr Leben selbstbestimmt gestalten können und dürfen, ganz anders verhalten, als wir immer annehmen: Hunde sind zwar sozial, können in lockeren Gruppen leben und sich auch mit anderen Arten arrangieren. Sie streben aber nicht ständig nach Aufstieg in irgendwelchen Hierarchien, sie wollen ganz sicher nicht die Welt erobern oder auch nur ihre menschliche Familie unterdrücken. Wir brauchen also nicht ständig auf der Hut zu sein, wir können auch mal entspannen und müssen nicht ständig irgendetwas unternehmen, damit das „Raubtier“, mit dem wir unter einem Dach wohnen, uns nicht heimlich in der Nacht aus dem Haus wirft oder uns unterdrückt und dominiert.

Vielmehr ist es möglich, dass man in Bezug auf Hunde umdenken kann und auch umdenken muss, wenn man sich selbst, aber auch dem Hund gerecht werden möchte. Eingefahrene Pfade verlassen – und verstehen, dass ein Hund angeleint manchmal ein schöneres Leben führen kann, als wenn man für sich oder für das menschliche Umfeld verbissen den Freilauf trainiert. Die Geschichte von Rolf lässt uns ein altes Thema von einer anderen Seite betrachten …

Wichtig ist mir, dass Sie alle im Buch beschriebenen Informationen und Anregungen für sich selbst und Ihren Hund adaptieren, individuell anpassen. In Verbindung mit den Ratschlägen zum psychologischen „Selbstcoaching“, haben Sie sicher genügend „Werkzeuge“ an der Hand, um Ihre Beziehung zu Ihrem Vierbeiner entspannt gestalten zu können und so nicht mehr vermeintliche „Wahrheiten“ rund um den Hund ernst nehmen. Denn von Bedeutung sind eigentlich weniger Dinge als man glaubt:

- Durch den Hund sollte niemand belästigt oder gefährdet werden.
- Die Lebensqualität des Hundes sollte hoch sein und
- selbstverständlich die des Hundehalters ebenfalls.

Das hört sich einfach an. Wenn wir diese drei Punkte durch modernes Wissen rund um den Hund und die menschliche Psyche unterfüttern, ist es das auch ...

Ich wünsche Ihnen Mut, den Weg zu beschreiten, die nötige Energie, ihn durchzuhalten und viel Freude, Ihre Beziehung zu Ihrem Vierbeiner entspannt genießen zu können.

Service

Quellen

- Kapitel Zielanalyse angelehnt an: Grolimund, Fabian: Psychologische Beratung und Coaching: Lehr- und Praxisbuch für Einsteiger. HUBER Verlag, 2014
- Nolting, Hans-Peter und Paulus, Peter: Psychologie lernen – Eine Einführung und Anleitung. Beltz Verlag, 2015
- Lambert, Michael: Bergin und Garfields Handbuch der Psychotherapie und Verhaltensmodifikation. Dgvt Verlag, 1. Auflage, 2013
- Grawe, Klaus: Psychologische Therapie. Hogrefe Verlag, 2. Auflage, 2000

Zum Weiterlesen

- Gröning, Pia: Spiele und Action für Jagdhunde. Retriever, Weimaraner, Beagle und Co. rassegerecht beschäftigen. Verlag Eugen Ulmer, 2015
- Joachim, Karin: Mythos Hund. Irrtümer rund um Wölfe, Dominanz & Co. Verlag Eugen Ulmer, 2015
- Riepe, Thomas: Einfach Hund sein dürfen. Verlag Eugen Ulmer, 2016
- Sondermann, Christina: Denksport für Hunde. Knobelspiele schnell und einfach selbstgemacht. Verlag Eugen Ulmer, 2017
- Sondermann, Christina: Einfach schnüffeln!. Nasenspiele für den Hundealltag. 2., aktualisierte Auflage. Verlag Eugen Ulmer, 2017
- Sondermann, Christina: Kauspielspaß für Hunde. Leckere Beschäftigungsideen einfach selbst gemacht. Verlag Eugen Ulmer, 2014
- Sonntag, Robert: Blitzschnell entspannt. TRIAS Verlag, 2014

Klicks im WWW

www.riepehunde.de
Homepage des Autors

Bildnachweis

Alle Zeichnungen in diesem Buch und auf dem Umschlag stammen von Susanne Dinkel, Reutlingen.

Die in diesem Buch enthaltenen Empfehlungen und Angaben sind vom Autor mit größter Sorgfalt zusammengestellt und geprüft worden. Eine Garantie für die Richtigkeit der Angaben kann jedoch nicht gegeben werden. Autor und Verlag übernehmen keinerlei Haftung für Schäden und Unfälle. Der Leser sollte bei der Anwendung der in diesem Buch enthaltenen Empfehlungen sein persönliches Urteilsvermögen einsetzen.
Der Verlag Eugen Ulmer ist nicht verantwortlich für die Inhalte der im Buch genannten Websites.

Impressum

Bibliografische Information der Deutschen Nationalbibliothek
Die Deutsche Nationalbibliothek verzeichnet diese Publikation in der Deutschen Nationalbibliografie; detaillierte bibliografische Daten sind im Internet über http://dnb.d-nb.de abrufbar.

Hinweis: Der Verlag Eugen Ulmer ist nicht verantwortlich für die Inhalte der im Buch genannten Websites.

Wollgrasweg 41, 70599 Stuttgart (Hohenheim)
E-Mail: info@ulmer.de
Internet: www.ulmer.de

Lektorat: Kathrin Gutmann, Gabi Franz
Herstellung und dtp: Sara Holfelder, Ulla Stammel
Umschlagkonzeption: Ruska, Martín, Associates GmbH, Berlin
Umschlag-Gestaltung: Verlag Eugen Ulmer
Druck und Bindung: Graphischer Großbetrieb Friedrich Pustet GmbH & Co. KG, Regensburg
Printed in Germany

ISBN 978-3-8186-0068-6

Hier können Sie weiterlesen.

Statt komplizierter Anleitungen und Beschäftigungskonzepten plädiert Thomas Riepe für eine Hundehaltung, die sich mehr am Leben selbstbestimmter Hunde orientiert. Er liefert einfache, naturnahe Ratschläge, wie Sie das Leben Ihres Hundes bereichern können und beschreibt, wie Straßen- oder Ranchhunde ihren Alltag gestalten. Auch Wolfsverhalten wird als Vergleich herangezogen. Erfahren Sie, welche Ur-Bedürfnisse Hunde haben und welche davon Sie wie befriedigen können.